マグノリア文庫⑥-1

硫黄・塩・水銀プロセス

～農業・錬金術の3原理を学ぶ～

講師：竹下 哲生

マグノリア・アグリ・キャンパス　2018／2019　福島鏡石　講義録①

はじめに

マグノリア・アグリ・キャンパス（橋本文男学長）は、シュタイナー(1)の農業講座(2)を読み解いていくことを目的として、「農業は地球を救う(3)」をテーマに、NPO法人マグノリアの灯が主催し、2018〜2019年に福島県鏡石町で毎月開催している開かれた講座です。

このキャンパスのメイン講師としてお招きしたのが、竹下哲生氏(4)です。農業者ではない、この若き哲学者をお招きした一番の理由は、難解なシュタイナーの思想をわかりやすく、自分自身の言葉を紡いで、正確に再現してくれる稀有な存在だと考えたからです。私が特に驚いたのは、まるで彼がその場にいたかのような錯覚を覚えるほど、シュタイナーの息遣いや臨場感まで伝わってきたときのことです。単なる理論の伝授以上のものがあること、それも未来へと発展させていける何かがあると感じたのです。

シュタイナーは、農業講座第2講で、「種の発芽」について語っています。種の中には、将来花になり実になる情報が詰まっていると、遺伝子全盛の現代科学では考えますが、それに対し、シュタイナーは全く違うメカニズムを提示しています。それをさらに竹下氏は自らの言葉に置き換え解説してくれていますが（本文P37）、彼のフィルターを通した再構築によって腑に落ちてくるのです。それは、腕のいい料理人による「調理」に例えられるでしょう。この発芽メカニズムに沿って、それぞれの人が腑に落ちたものを元に、それぞれの道や手法によって発展させるならば、「遺伝子組み換え食品」「種子法の廃止」等々、現代の私たちが直面している問題に全く別の幾つかの角度から解決の糸口を見出すことが可能になってくるでしょう。

そうした方向への展開を可能にするためには、農業の本質に深く横たわる「錬金術の3原理[5]を理解することが大切であるとの判断から、キャンパスの前半から3回にわたり、1つ1つの原理の講義を、実験を交えながら進めていくことになりました。この講義録は、その3回の講義に、演者自身が加筆修正したものですが、この3原理は、農業のみならず、化学・医学・薬学・教育・建築、そして社会学・経済学等々の分野にも応用がきくものです。各専門分野の方々にも、この書を活用していただけることを願っています。

マグノリアの灯理事長
山本　忍

(1)ルドルフ・シュタイナー(1861~1925年):オーストリア生まれの思想家・哲学博士。スイス、ドルナッハに普遍人智学協会を創設し、医学、教育、農業、芸術、社会論などの分野に大きな業績を残した。354巻の著作&講演集を遺す。

(2)GA327『農業講座』(ルドルフ・シュタイナー/新田義之・市村温司・佐々木和子訳)〈イザラ書房〉
GA:全集の意味

(3)いかに人間は自然から搾取するだけで何も返していないか、シュタイナーは、現在の慣行農業を「略奪農業」と呼び、略奪ではない、むしろ自然への恩返しと言えるような農業の概念・手法を提示し、それが後にバイオダイナミック農法と呼ばれるようになった。「その農業こそが地球を救うことになる」と、読み解いた竹下氏の言葉が印象的で、当キャンパスのテーマに掲げることになった。

(4) P91：講師プロフィール参照

(5) alchemy 錬金術（れんきんじゅつ）古代ギリシアのアリストテレスらは、「万物は、地・水・風・火から構成されている」とする四大元素の概念と、3原理（硫黄・塩・水銀プロセス）を提唱した。中世になると、パラケルスス（1493～1541年）はその概念のもとに医薬化学を創始し，発展させた。〈参考：Wikipedia ／ブリタニカ国際大百科事典〉

目次

1. 硫黄プロセス（燃える）

２０１８年６月17日 福島鏡石

これから三回シリーズで福島の皆さんと一緒に取り組んでいきたいことは、プロセスとしての自然を考察する方法についてです。

おそらく皆さんは、このアグリ・キャンパスにおいて、農業に有益な学びが得られるのではないかと期待されているのではないかと思います。そして正に、これからの三回シリーズは、そのような期待に応えようとしているのですが、それは例えば特定の問題が起こったときには、こうするべきだという具体的な指示を与えるような、実践的で具体的なものでもなければ、また専門的な知識を提供するものでもありません。そうではなく、ここでは自然に対する新しい向き合い方を学んでいきたいと考えているのです。

自然と一緒に踊る

例えば皆さんが、ふと星野源の恋ダンスを踊りたいなと思ったならば、おそらく皆さんはすぐにGoogleで「恋ダンス　振り付け」と検索されるのではないかと思います。そして間違いなくYouTubeには、ダンスの振り付けについて教えてくれる動画をたくさん見つけることが出来るでしょう。そして皆さんは、その中から最も自分に合った動画を探して、ご自宅のリビングで練習を始めることになるのです。

こういったことは現代人であれば、多かれ少なかれ誰でもやっていることです。これに対して現代人ならば誰もやらないことは、書店に行って恋ダンスの振り付けに関する書籍を探すことです。確かに僅か数年前までは、ダンスの振り付けをイラストや写真で教えてくれる書籍が存在したと思います。しかし、誰もが手軽に動画を見、また誰もが手軽に動画を制作することが出来るようになった現代において、わざわざ静止画を使って振り付けを覚えようという人はいません。なぜならダンスという「動き」は、動画がもつ「動き」によって直接的に伝えられるからです。

実は、これから三回シリーズでやろうとしていることは正に、自然の「動き」を把握しようとしているのです。そして最終的な目標は何かというと、自然と一緒に踊れるようになることなのです。とは言え、一度でもダンスをされたことがある方ならば、振り付けを見て動きが「分かる」ということと、実際に「踊れる」ということの間には、随分と大きな隔たりがあります。しかし誰でも数週間もまじめに練習すれば、例えば学校の文化祭で同級生に発表したり、あるいは地元のお祭りで地域の人たちに披露するくらいには踊れるようになるでしょう。しかし、その踊りの技術はプロのダンサーと呼ぶには程遠いものなのです。

そういった意味で、これからやろうとしていることは単に自然の「動き」をつかもうとする試みに過ぎません。そして、ひょっとしたらセンスのいい人は、程なくして自然と共に踊り始めるかも知れません。しかし踊っている人の誰もが、美しい踊りをしているとは限りません。それはカラオケで歌を歌っている人の誰もが、歌がうまい訳ではないのと同じことです。そして、これと同様におそらく「上手い」農業を営んでいる人と「下手な」農業を営んでいる人がいるのです。

とは言え、残念なことに、ここアグリ・キャンパスで学ぶことが出来ることの大半は、そのような「実践」の領域における直接的な指導ではありません。そうではなく、上手く踊れるようになるための「理論」を座学で身につけるのです。それが冒頭で述べた「プロセスとしての自然」を学ぶということなのですが。この座学においてもやはり、頭を使って「難しく考える」よりもむしろ、体を使って「動きに馴染む」ようにしてみて下さい。というのも、ここでやろうとしていることは形式としては全く学問なのですが、求められているのは学問的な知識などではなく、芸術的な感性だからなのです。

以上の言葉によって、ここマグノリアのアグリ・キャンパスで学ばれるべき「理論」の特性が明らかになりました。それは自然と共に美しく踊ることが出来る為の――即ち本当の意味で自然が求めている農業の――振り付け動画だということです。これに対して、近代以降に西洋世界で発展した自然科学というのは、いわば写真やイラストで説明する振り付けの本に例えることが出来るでしょう。つまり、そこに書かれていることは何一つ間違っていないのです。しかし、かなりのダンス上級者でもなければ、静止画から振り付けを再現するのは難しいと言えます。ひょっとしたら皆さんの中にも、農業大学で農業のイロハについて学ばれた方もいらっしゃるかも知れません。そして、もし今の実践にほとんど全く役に立っていない、という感覚をもっていらっしゃるなら、それにはそれなりの理由があると思います。

というのも、現代の自然科学は基本的に踊ることを前提としていないのです。だからこそ、誰もが見よう見まねで踊れる動画を制作することよりもむしろ、高い解像度の静止画を作ろうとしているのです。ところが、自然科学の目的を「踊れるようになる」ものだとするならば、そこで制作されるべき動画は、粗いものであっても一向に構わないということが分かります。具体的に言うならば、動画の中で踊っている人が分からないくらい、画素数が少なくても、振り付けは充分に伝えられます。確かに振付師がイケメンならば女性は喜ぶでしょう。しかし単に「振り付けを教える」ことだけが目的ならば、振付師が男性なのか女性なのかわからないくらいに低い解像度の動画であっても、いや極端に言ってしまえばモザイククらいに粗い動画であっても構わないのです。

言うまでもなく、ダンスの微妙なニュアンスを伝えるためには、どこかの時点で高精細の動画も必要になってくるでしょう。しかし、それは今ここでやっていることの「次の段階」に来るものなのです。歴史を見ても先ずは、十九世紀の初頭に、モノクロの銀板写真が発明され、それがやがてカラーに変わり、オフィセット印刷に代表される静止画の印刷技術が発達しました。次に二十世紀の初頭には「活動写真」が開発され、それも白黒から「天然色」へと改善され、後にデジタル化されることになります。そして皆さんもご存知のように、２０１８年の12月からは４Ｋ・８Ｋ放送が始まります。つまり二十一世紀初頭という現代においてはもはや、「動画だから画質が粗い」という技術的な問題がなくなりつつあるのです。

以上のような画像技術の発展史を辿ることで、ここでやろうとしていることの「立ち位置」を、単に時間的にだけではなく、地理的（東洋的・西洋的）にも明確にしました。先ず私たちの立場は、西洋近代に始まった自然科学を「精密な静止画」と見做します。そんな中で私たちの課題は、少々粗くてもいいから自然の「動き」を伝えることが出来る「動画」を作ろうとしています。そして「高精細な動画」に関しては、差し当たり未来へ向けての課題としたいのです。

あるいは「精密な静止画」が西洋の産物だとするならば、正にここでやろうとしている「動画」を作ることは東洋の得意技だと言うことも出来るでしょう。しかし私たちは、粗い動画を作りながらも、その画質を上げていく為には、常に西洋的な自然科学の助けを借りようと考えています。そういった意味では、ここで発展させていくべき自然科学とは、近代以前の意識へと回帰するものではなく未来へ向かうもの、西洋に対する東洋の優位性を示すものではなく、むしろ両者の統合を図るものであるということがお分かりいただけたかと思います。

ものが燃える

さて、ようやく、ここからが本題です。

自然を「プロセスとして」理解するということはつまり、変化する自然を「変化するもの」として捉えるということです。そして今日は、この世界に存在する変化の中で、最も分り易いものとして、ものが燃えるという現象を取り上げたいと思います。

ところが興味深いことに、この時点で既に問題が起き始めています。というのも、都会で生まれ育った現代人の多くが、「ものが燃える」という体験を、幼少期にほとんどしていないからです。繰り返しになりますが、私たちの目標は「踊れるようになること」です。そうだとするならばダンスのレッスンを始める前に、何回かプロのダンスを見ておくのが得策でしょう。いわゆる「見学」というやつです。そうすれば生徒は「およそダンスというのは、こういうもの」ということがわかった上で、ダンスのレッスンを始めることが出来ます。これと同様に、今から始まる自然科学的な考察を理解する為には、ものが燃えるということを体験していることが望ましいのです。

おそらく多くの皆さんは「いくら都会の人間でも、ものが燃えているところくらいは見たことがあるだろう」とお考えだと思います。確かに「あなたは、ものが燃えているのを見たことがありますか」と尋ねるならば、ほとんどの人は「ある」と答えるでしょう。しかし、ここで問題になっているのは「あなたは、ものを燃やしたことがあるのか」ということなのです。そして、こういう訊き方をすると「ある」と答える人は急に減ります。

というのも単に「見たことがあるのか」だと、それは例えば友だちがタバコに火を点けている場面や、あるいはテレビで見る火災現場や、はたまたオリンピックの聖火のシーンであっても構わない訳なのです。しかし「何かを燃やしたことがあるのか」だと、自分が主体的に何かを燃やしている状況が問われています。確かに家にガスコンロがある人は毎日、料理をするときにプロパンガスを燃やしている、と答えることでしょう。しかし今は、そういう機械で制御された燃焼は問題になっていません。何故ならば、ここでは飽くまでも自然について考察しようとしているからです。

例えば、スイッチひとつ押すだけで、確かにガス給湯器の中では燃焼が始まります。あるいは、家の電気のスイッチを入れるということは、そこから何キロも離れた火力発電所で起きている燃焼に、部分的に参加していると言うことも出来るでしょう。しかし、これを「ものを燃やしたことがある」と言うならば、それは「野生動物を見たことがあるか」と問われて「動物園にならば何度も行ったことがある」と言っているようなものです。間違ってはいないのですが、少し論点がズレています。もとより昨今は、ＩＨ（induction heater 誘導ヒーター）の普及によって、炎を見ること自体も減っていますが、ＩＨが動物園の動物だとすれば、薪ストーブが野生動物です。実際に自分がものを燃やし、その炎を目にしているか否かということです。

これに対して、例えばキャンプファイヤーなどは、それでお湯を沸かそうというのではなく、ひたすら炎が燃えているのを見ることが目的だという意味では「火の体験」をすることが出来る、非常に好都合な機会だと言えるでしょう。しかし多くの人がキャンプファイヤーを経験したのは学生時代でしょうから、その火を点けたのは自分ではなくおそらくキャンプを引率してくれた先生なのです。

そうやって考えていくと「自分で何かを燃やしたことがある」というナチュラルな状況は、例えば子供の頃に自宅の庭先で落ち葉やゴミを燃やしたことがある、というものです。そして既に述べたように、都会で生まれ育った人はこういう「普通の体験」を全くしていないことが決して珍しくないのです。僕はもう何年も前から、今やっているような「大人のための化学の授業」をやっている中で、この事実に気がつきました。そして、震災後、各地で繰り返される原発反対のデモを見て、急に白々しく思えるようになったのです。何故ならば、もし仮に生まれてから一度も庭先でゴミを燃やしたことがないならば、その人は「火」というエレメントにリアリティを感じることが出来るだろうかと、ふと疑問に思ってしまったからです。これと同様に原発の技術者の中にも、自分がどれだけ膨大な「火」のエネルギーと係わっているのかということに、ほとんど現実感をもっていないとも考えられます。

そして、昨今問題になっている「理科離れ」の本質もまた、こういうところに見出すべきではないでしょうか。つまり「自然を研究」している人間が、全く「自然の体験」をもっていないのです。あるいは、全く自然を愛していない人間が、自然についていろいろと知ろうとしているのです。

さてプロメテウス(6)の神話をもち出すまでもなく、人類の発展は「火」を獲得したことによります。ですから人類の進歩というのは、「火の素晴らしさ」と「火の恐ろしさ」が表裏一体になっているのです。ところが、この僅か半世紀ほどの間に「火の恐ろしさ」が、人々の目から全く覆い隠されてしまったのです。実際、ほとんどの自治体で自宅でゴミを燃やすことが禁止されています。それはダイオキシンを始めとする様々な有害物質を出さない為というのが建前なのですが、そうだとすると剪定した枝や落ち葉や枯れ草などもまた、同様に燃やしてはいけない理由にはならないはずです。そして現代の日本において、ほとんど唯一の「合法的に物を燃やす機会」こそが薪ストーブなのです。

念の為に言っておきますと、これまで僕は原発の是非について、こういう公の場で明言したことはありませんし、これからもそうするつもりはありません。何故ならば、そういう「分り易い」動き方をしても、何か長期的に意味のあることが成し遂げられるとは思わないからです。しかし僕は、この福島の地で原発に関する言及が許されるのならば、私たちは、子どもたちに「原発反対」や「原発賛成」と教えたいのか、あるいは「火の恐ろしさ」と「火の素晴らしさ」を教えたいのか、ということは、真剣に考えるべきだと思うのです。

燃えるもの・燃えないもの

さて少し脇道に逸れてしまったので、話を本題に戻しましょう。端的に言って、現代を生きる私たちは「ものが燃える」という全く単純な化学の現象でさえも、充分に体験していません。だからこそ、そのために実験が必要なのです。

もしも、僕がシュタイナー学校の先生ならば、宿題として生徒たちに家から「燃えるもの」を持ってくるように言うでしょう。因みに、これは中学二年生を対象とした「化学の授業」です。このくらいの年齢になっているならば、おそらくフライパンを持ってくる子どもはいないと思います。つまり燃やしたことはないけれども、フライパンが「燃えないもの」だということは、中学二年生にもなれば分かるだろうということです。そして更に「燃えるもの」を持って来いと言われて、一万円札を持ってくる子どもいないと思います。それは確かに「燃えるもの」ではあるのだけれども、実際に燃やしてしまうにはあまりにも勿体無いのです。

どうか皆さん、一度自分が中学二年生に戻った気分になって、身の回りにあるものを「燃えるもの」と「燃えないもの」という、この全く単純な概念で分類してみてほしいのです。そうすると自分の勉強部屋から始めて、先ず目の前にある宿題のプリントや教科書、そして鉛筆も黒鉛の芯以外は燃えます。次に台所に降りて行くと、コンビニで貰って使わない割り箸と、それを包む「おてもと」と書かれた袋、そして調理器具なども部分的に木製のものがありますね。ゴミ箱の中にある鼻をかんだティッシュも乾かせば燃えるようになるでしょうし、部屋のカーテンや蒲団も燃えますね。そうすると、服は基本的にすべて燃やせるということになるのですが、これを学校に持って行ってしまっては、お母さんに怒られてしまいますから、ボロボロになったから捨てるつもりだったお父さんの下着を頼んで出してもらうのがよいでしょう。他にも危険ではありますが、可燃性のスプレーも燃えますね。

　そして、ストーブの中から石油だけ取り出して、容器に入れて持ってくる子どももいるかも知れません。こうやって身近なものを分類するだけで、それらの化学的特性が分かってきます。そしてある程度の化学に関する教養をお持ちの方は、これらの「燃えるもの」と「燃えないもの」にはそれぞれ共通点、一定の法則性があることに気がつかれると思います。しかし今は敢えて、そういった知的な考察には入っていきません。何故なら最初にお話したように、ここでやろうとしていることは「精密な静止画」ではなく、画像が粗いながらも「動画」を作ることだからです。

　そして、シュタイナー学校では、これら生徒が持ち寄ったものを、校庭で火を点けて実際に燃やします。言うまでもなく教師として、最大限に安全を考慮しなければなりません。プラスチック製のものは、燃やすとしても最小限にとどめたほうが良いでしょうし、噴霧したスプレーに火を点けるのは子どもがマネをするので、しないほうが良いでしょう。蒲団や衣類なども随分と煙が出ますから、近隣への迷惑を配慮して、大々的には燃やさないほうが良いですね。そして、もしご両親の離婚届を持ってくる子どもがいたならば、気がつかないふりをして燃やしてあげましょう。

さて皆さんは大人ですから、こういったことは実際にやってみなくても、自分の経験を思い出すだけで充分でしょう。そして私たちは、こういった一連の「燃焼実験」のフィナーレとして、木毛《もくめん》(7)を実際に燃やしてみたいのです。

因みに木毛というのは、ウッドパッキンとも呼ばれていて、薄くスライスした木材を細く裂いたもので、主に緩衝材として用いられています。それはハムでもワインでもカニでもいいのですが、高級なお歳暮には必ずと言っていいほど使われています。あるいはテディベアの詰め物として使われることもありますから、もし皆さんが綿とは異なるガサガサとした手触りのクマのぬいぐるみを抱いた覚えがあるのなら、それは木毛を詰めた昔ながらの高級なテディベアかも知れません。

さて、この木毛を腰くらいの高さの山にして、下の方に火をつけます、これからやる「実験」というのは、たったこれだ

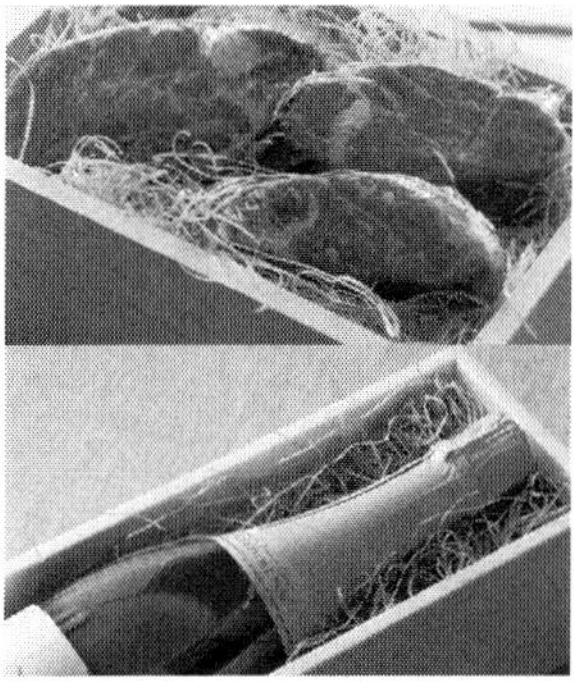

もくめん(ウッドパッキン)
「戸田商行」HPより

けのことです。木毛というのは別に、何か「特別な物質」で出来ているものではありません。ただ単純に、それが「よく燃える」という理由だけで、それは選ばれているに過ぎないのです。

もし皆さんが、子どもたちに「影」の体験をさせたいのならば、雨や曇りの日よりも、よく晴れた日を選ぶことをお勧めします。何故ならば、その方がより鮮明に影が見えるからです。そして欲を言うならば、真昼よりも夕方のほうが良いでしょう。誰でも子どもの頃に、夕日で長くなった影を踏み合いっこした経験がおありだと思います。

つまり私たちは、典型的な現象を体験するために実験しているのです。これは、通常の実験という概念とは、微妙に異なります。何故なら通常、実験という言葉は、例えば今までに誰も一度も混ぜたことのない薬品を混ぜてみて、未知の体験をするためだとか、あるいはその反対に既に確かめられている事実、即ち既知の体験を確認するためだとかに行われます。そこでは「実験」というものが、科学的な「理論」を組み立てるための道具になっています。勿論、こういった科学的な手法は全く正しいものです。しかし繰り返し述べているように、私たちの目標は「動画」を制作することにあります。この場合、理論を構築するために実験をするということはしません。そうではなく、実験における体験そのものが、理論になることを望んでいるのです。これは非常に大切なことですので、今日のお話の最後に改めてお話したいと思います。

ということで、これから燃焼実験を始めます。

夏と冬を結びつける

どうでしょうか皆さん。おそらく、ここにいらっしゃる方々のほとんどは、先程お話した都会育ちの人とは違うと思います。つまり皆さんは日常的に、畑で色々なものを燃やしているということです。しかし、それでも皆さんは先程の「燃焼実験」に少なからず感動されたのではないかと思います。これはちょうど、あるピアニストが聴衆としてコンサートに行って、そこで自分が子どもの頃から何万回も練習して来た曲目を聴いたとしても、それでもやはり感動出来ることと同じです。学問というのは一度理解してしまうと、もうつまらなくなって次の「分からないこと」を探そうとしますが、芸術においてはその「分かる」ということが無いので、ずっと「深める」ことしか出来ないのです。

そして、この次の私たちの課題は、火を観察することで得られた「芸術的な体験」を、今度は学問へと高めていくことです。それによって「心」で受け止められた暖かな体験を、意識の光が照らし出すのです。ここで少し教育学的な考察を差し挟むならば、中学二年生を対象とした化学の授業の場合は、これから始める「考察」は、燃焼実験の翌日に行うのが望ましいでしょう。何故ならば、そうすることで実験において体験されたことを、より容易に意識化することが出来るからです。

例えば皆さんが、交通事故にあわれたとして、そのことを一年後に思い出すとしてみて下さい。

燃焼実験／2018年6月17日
マグノリア農園にて

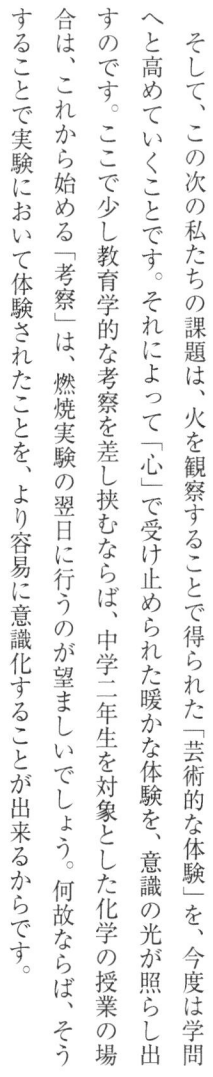

そうすれば皆さんは、交通事故のあったときの数時間前から、あるいは数日前から、既に「いつ事故を起こしても不思議じゃないような精神状態」であったことに気がつくのです。そして、その時に下した自分の判断は全て、あたかも自分から交通事故にあいに行っているようにすら感じてしまいます。おそらく事故直後の皆さんは「どうして自分は、こんな酷い目にあわなくちゃいけないんだ」と怒りさえ覚えたことでしょう。しかし、それから一年たった皆さんは自分を見て「あんなことをしていたんじゃあ、交通事故にあっても当然だ」と思うのです。

これが人間の魂の、2つの側面です。つまり私たちは何かを「体験」しているときには、それが何かを全く「理解」していません。そして何かを「理解」する時には、何故だか「体験」は過去のものとして遠くに退いてしまっているのです。このような呼吸する魂の本質を、自然は夏と冬によって表現しています。ちょうど人間が実験（体験）から理論（認識）へ向かうように、地球は夏から冬へと季節を巡らせるのです。

ところが残念なことに、ほとんどの日本人は、季節というものを一年に一回しか来ないものだと勘違いしています。実際には燃焼実験を芸術的な感性で体験されている皆さんは「夏」であり、これから体験したことについて考察することで、皆さんの本質は「冬」へと向かうのです。魂の成熟に従って人間は、自らの本質の季節を巡らせることを意識的に行えるようになります。しかし未だ中学生くらいの子どもを相手にする時には、この「体験」から「理解」への移行に一日くらい見てあげるのが良いのです。

おそらく子どもたちは翌日、ものが燃えるのを、はしゃいで見ていた昨日のことなんかすっかり忘れて、すました顔で登校して来ることでしょう。そして、先生が昨日に見たことを思い出すように促すことで、昨日とは異なるかたちで燃焼という現象に向き合うのです。大人でも、自分の交通事故について落ち着いて考えられるようになるまで、一年もかかってしまうかも知れません。同様に校庭での燃焼実験を盛大にやるつもりならば、それを金曜日か土曜日にして、意図的に週末を挟むのも得策でしょう。

もし皆さんのご友人が、なにか大きなショックを受ける体験をされたとします。それは、親との死別なのかも知れませんし、また離婚なのかも知れませんし、あるいはやっぱり交通事故なのかも知れません。そんな友人を前にされると、皆さんは先ず、その人の話をじっくり聞くでしょう。そしておそらく皆さんは最後に、そっと「時間が解決してくれるよ」と言うと思うのです。それはつまり「あなたの魂にもきっと、いつか冬が来ますよ」という意味です。これは「春」でもなければ「夏」でもありません。冬の来ない魂は、真夏のままで凍りついているのです。

人間の魂は、体から外に出ていって「体験」をして、そして体に戻って来て「認識」をします。そして今やっているような、黒板の前での座学を受ける人間は「冬」だと言えます。私たちは先程、自然を「体験」して来たので、今度はそれを「理解」したいのです。ちょうど、英語の授業でも「会話」と「文法」の時間があるように、座学で学べる自然科学というのは、いわば自然の文法を学ぶ時間なのです。あるいは別の表現を用いるならば、私たちは徹底的に真理に対する礼儀作法を学ばなければならないのです。確かに多くの日本人は、人間に対する礼儀作法がよく身についています。そして、そういう「美」しい「身」を持った人のことを「躾」がされた人だといいます。ところが多くの日本人は、真理に対する礼儀作法に関しては、全く知らないのです。

桜の花や紅葉を見て「美しい」と感じることは、日本人ならば誰でも出来ます。これが「夏」の日本人だとするならば、では「冬」の日本人は何をしているのでしょうか。そうです原発を作っているのです。おそらく皆さんは「夏」の日本人と「冬」の日本人の間に、気の遠くなるような隔たりがあることに気がつかれると思います。これを別の言葉で表現するならば、私たちは人間に対する礼儀作法に関しては、幼少の頃から「躾」られてきたけれども、自然に対する礼儀作法については全く何も知らないということなのです。そして、だからこそ私たちは、未だ自然と共に踊れないでいるのです。

桜の花や紅葉を見ている時、確かに私たちの心は既に踊っています。しかし、どれだけ心が踊っていても、それでも体は未だ微動だにしていないのです。そして、この心の感動を全身に伝えるためには、一旦頭を経由するしかないのです。それはつまり体験を意識化するということです。そうすることで初めて、美しい「夏」の自分と、間違いだらけの「冬」の自分とを結び合わせることが出来るのです。

生命のプロセスを逆向きにたどる

ということで、先程の燃焼実験で「見て」きたことについて、改めて「整理」していきたいと思います。

先ず、大雑把に全体を捉えるならば、最初に小さかった火はだんだん大きくなって、全ての木毛に火が点いたあたりから、今度は徐々に炎は小さくなっていきました。そして最後は、ほとんど灰だけになって、ところどころがチロチロと赤く燃えていました。例えば、こういった経過について考察するだけでも、いわば「理想的な実験」がどういうものであるべきか自分で考えることが出来ます。

先ず、今日は思った以上に風が強かったので、速く燃えてしまいました。また美しい炎のフォルムは、強い横風に煽られて少し歪《いびつ》に変形していましたね。そうすると、必然的に理想的な燃焼実験の環境というのは、風の吹かない室内ということになります。もしも先程の燃焼実験を室内で行っていたならば、炎が木毛の下から空気を「吸って」そして、煙とともに空気を「吐き出す」様を見ることが出来たと思います。そして炎の形は正に、この「空気の流れ」に沿って形成される訳です。

また今日のような天気の良い日に外で行ってしまうと、残り僅かな炎が最後にチロチロと燃えている様子も悉《ことごと》く観察することは出来ません。この場合もやはり室内で、しかも遮光カーテンなどで、部屋を暗くしてやると良いでしょう。そうすれば、最後に残った「炭」が、炎を出さずに赤々と燃えている様子を見ることが出来たでしょう。そして「消えたかな」と思う頃にふっと息を吹きかけてやると、また息を吹き返したように赤々と燃え始めるのです。こういったことも、燃焼実験を室内で行っていればお見せすることが出来たのですが、何分ここはお借りしている会場ですから、室内でキャンプファイヤーをする訳には行かなかったのです。

　時間的な変化に着目するならば、最初に小さな炎があって、それが次第に大きな炎に「成長」して、そして最後には「最初とは違う小さな炎」になります。あるいは前者を「成長する炎」として後者を「衰退する炎」と呼ぶことも出来るでしょう。これはちょうど、植物の葉のメタモルフォーゼ[8]に似ています。一番下に丸い小さな葉があって、中間部に最も大きくて複雑な葉が、そして一番上には小さいのだけれども、尖った形の葉がついている。そして植物の最も「葉っぱらしい葉っぱ」即ち典型的な葉形が中間部に見られるように、燃焼の過程において最も典型的な炎は時間的に中間部に見られるのです。

図１．２年目のジャコウアオイ
「植物への新しいまなざし」より

　更に細かく見ていきましょう。最初に火を点けてから、燃えている領域は徐々に広がっていきます。それはつまり「既に燃えているところ」と「未だ燃えていないところ」の境界線が移動しているということなのですが、このプロセスを「境界線」に注目して観察された方はいらっしゃるでしょうか。もし、この点に注目して観察するならば、火が点く直前に、それまで白っぽかった木毛が一瞬で真っ黒になるのを目にされることでしょう。これを炭化と呼ぶのです。

言うまでもなく木毛は「木材」から出来ていますから、それは白っぽいと言うか明るい土色と言うか、黄色～茶色をしています。しかし、それが熱せられることで、一瞬で「炭」になって、それが燃え尽きると「灰」になるのです。実は、この点に関しても今回の実験は失敗をしてしまいました。というのも畑の真ん中で木毛を燃やしてしまったが故に、燃焼過程の生成物としての「灰」と、元々あった畑の「土」との区別がつかなくなってしまったのです。もし今度同じ実験をやるとすれば、下に薄い鉄板をかませると思います。そうすると鉄板の上に残っているものは全て「灰」なのですから。念の為に言っておくと、もしその中に未だ黒いものが残っているならば、それは「灰」ではなく「炭」です。もちろんじっくり時間をかけて待っても良いのですが、ふうっと息を吹きかけて酸素を供給してやると、くすぶっていた火が赤々と燃えだして、完全に灰になります。最初は明るい色だった木が、燃えるときに暗い色になって、そして燃え残ったものは、鈍いながらも明るい色調をもっています。これも何だか、ついさっき見たプロセスに似ていますね。何故だか、最初の状態と最後の状態はどこと無く似ていて、それでいて正反対なのです。というのも灰の中には、一切の生命も含まれていないからです、

実は、これは私たちが最初から完璧に見落としていたポイントです。つまり木材というのは、樹木という生命活動の結果であり、それ燃やすということは、そこから完全に生命を追い出すということなのです。そして私たちは、その事実に鈍い色の灰を見たときに初めて気がつくのです。これはちょうど、家族の大切さを、家族を失ったときに初めて気がつくことと同じです。私たちは生命

をもっているときには、それを意識しません。そして失ったときに、それを初めて意識するのです。興味深いことに「意識」というのは「死」と関係しているのです。

これは少し余談になりますが、炎の高さが自分の背丈を超えた時点で、少しだけ「身の危険」を感じます。つまり誇張して言うならば、少しだけ「死」を意識するということです。勿論、そういう感覚をもつかどうかは多分に、自分が炎からどれだけ離れているかと関係しています。例えば、キャンプファイヤーの火は、大人二人分くらいの高さになりますが、充分に離れて見ているならば身の危険を感じることはありません。しかし、もし機会があるならば是非、自分の背丈よりも高い炎に近づいてみて下さい。実際やってみると分かるのですが、大きな炎というのは、熱くてあまり近くまでは行けません。しかし、それでも勇気を振り絞って火の近くまでやってくるならば、先程お話しした「火の恐ろしさ」をまざまざと感じることが出来るでしょう。

話を元に戻して「ものが燃える」というプロセスは、生命のプロセスを逆向きに辿っているものだということが明らかになります。植物は成長することで、それまでは、鉱物的だった物質を生命的なものに変化させました。こうして出来上がった有機物を燃焼させるということは、いわば植物の領域まで「昇って」来た物質から、生命を抜き取ることで、再び鉱物的な世界へと「戻す」ということでもあるのです。これが、先ほど行った「燃えるもの」と「燃えないもの」の違いについて、差し当たり与えることが出来る回答です。つまり「燃えるもの」というのは、何らかの生命的なプロセスの結果生じた物質であり、逆に「燃えないもの」というのは、鉱物的な状態に留まり続けているものなのです。
そして、こういった考えが、例えばプラスチックやガソリンなどの石油製品や、あるいは様々な可燃性の無機物にも適用出来るかどうかについては、ここでは議論しません。何故なら、農業技能を向上させる上で、プラスチックに関する知識はあまり本質的な意味をもっていないからです。

自然という名の書物を読む

おそらく皆さんは、学校で「燃焼とは物質の酸化である」と学ばれたと思います。そして、それは全く間違っていません。しかし今日の考察から得られる差し当たりの結論は、燃焼とは逆向きの生命過程だというものです。そして、これら全く異なる二つの見解は、決して矛盾しません。例えば皆さんも小学校の歴史のテストで「法隆寺を建てたのは誰か」という問題を見た覚えがあると思います。言うまでもなく、正解は「聖徳太子」です。

しかし、もし皆さんの生徒が「大工さん」と書いた答案を提出して来たならば、その答案に皆さんはバツを付けて返すことが出来るでしょうか。何故ならば、その答は全く間違っていないからです。しかし敢えて言うならば、間違っているのは回答ではなく、むしろ問いの方なのでしょう。つまり「法隆寺を建てたのは大工さんだ」と言うことが滑稽であるのと同様に、小学生に「法隆寺を建てたのは誰か」と問うテストをやること自体も、同じくらいに滑稽なのです。

そして「燃焼とは物質の酸化である」と言うことは、いわば「法隆寺を建てたのは大工さんだ」と言っているようなものなのです。それにもかかわらず「燃焼とは物質の酸化である」という認識を耳にして、私たちが滑稽だとは感じずに、それを「科学的だ」とすら感じてしまうのは、私たちが自然に対する礼儀を知らないからなのです。別の表現を用いるならば、私たちは未だ自然に対する正しい問いかけ方を全く知らないのです。そして言うまでもなく、この三回シリーズを通して私たちがやろうとしていることは、自然に対して正しい問いをもつための練習なのです。

おそらく皆さんの内側には「そのためには、具体的に何をすればよいのか」という疑問が生じていることと思います。そして、その答は正に、先程の畑での燃焼実験なのです。皆さんは今日お家に帰られたら、夜寝る前に「一日の中で最も大切な体験」について思いを巡らせてみて下さい。それは間違いなく、あの燃える木毛を見たという体験です。それを思い出してくれるならば、僕が今日ここでお話した内容は全て忘れていただいて結構です。皆さんが燃焼実験で体験されたことに比べれば、法隆寺の話も原発の話も、また8K放送の開始の話も星野源の話もとるに足らないものです。そして究極的には、最後に述べた燃焼と生命との関係性についても、忘れていただいて構いません。

何故なら、私たちがやろうとしていることは、自然という名の書物を読むことだからです。つまり私たちが知るべきことは全て、自然の中に書かれているのです。おそらく皆さんが、何かについて調べようと思う時、すぐにGoogleで検索されると思います。そうすると、皆さんが知りたいことのほとんどは、ネット上に書かれている訳です。その場合、皆さんはネットに書かれていることの全てを「憶える」必要は全くありません。そうではなく「調べ方」だけを知っていれば、すぐにでも「答」

に辿り着くのです。

同様に自然という書物にも、人間が知るべきことが書かれています。しかし残念なことに私たちは、この書物を読むための文法を未だ知らないのです。だからこそ私たちは、こうやって文法を学んでいる訳なのですが、だからこそ、私たちは現象に注目しているのです。何故ならば自然という書物は現象という名の文字で書かれているからです。

これは、ずっと今日の最初から述べていることです。つまり私たちは、現象そのものの中に文法があると信じているのです。そして、そのような形態の学問のことを現象学と呼びます。つまり私たちは現象から理論を引き出すのではなく、現象そのものが理論だと言いたいのです。

(6)ギリシア神話に登場する男神、全知全能の神ゼウスの反対を押し切り、天界の火を盗んで人類に与えた存在として知られる。
(7)もくめん：木材を糸状に削ったもので、主に果実等を箱詰めにする際に緩衝材として使用される。
(8)『植物への新しいまなざし～ゲーテ・シュタイナー的植物観察術』(マーガレット・コフーン著／アクセル・エウォルド画／丹羽敏雄訳)〈涼風書林〉(表紙のノボロギクもこの書より引用)

2. 塩プロセス（結晶化する）

2018年9月23日 福島鏡石

前回に行った燃焼実験について、改めて思い出すことから始めましょう。

木毛《もくめん》（ウッドパッキン）に火を点けると、炎が高く上がり、ひと通り燃やし尽くしたあたりで、炎は小さくなって、やがて炭だけが静かに燃えている状態にあります。そして、全てが燃え尽きた後に、最後に残るのが灰であり、その灰には全く生命の欠片も残っていない、というのが前回の最後にお話したことでした。つまり「木」が成長するプロセスを逆向きに辿ったのが、燃焼というプロセスだったのです。

熱と光の由来

そして今回は、この考えを更に延長して、今度は木が燃えている時に、解き放たれた熱と光の「由来」について考えてみたいと思います。そもそも、炎が熱を発しているという事実は、誰もが知っています。前回「自分の背丈ほどもある炎は熱くて近づけない」という話をしたと思います。そういった意味では「炎が熱を発している」ということは、誰もが簡単に体験することが出来ます。これに比べて、炎が光も発しているという体験をするためには、前回に行った様な燃焼実験を遮光した暗い部屋で行うべきでしょう。そうすると、炎が大きくなるに従って、少しずつ教室の様子が見える様になり、また炎が小さくなるに従って、徐々に教室が暗くなっていくプロセスを体験することが出来ることでしょう。この様に「理想的な実験」について考えることは、非常に大切なことです。何故なら、現象学というのは、最も純粋な現象を探し求めているからです。ちょうど、大気の状態と日光の入射角度が、特定の関係性にならなければ、虹が姿を現さない様に、それそのものが理論だと言える現象は、人間が作り出さなければならないのです。

話を元に戻して、木の中に蓄えられた熱と光の由来は、その樹木が未だ命をもっていた時の木が、太陽から与えられた熱と光だと言えるでしょう。つまり「木が成長する」ということは「熱と光を蓄える」ということでもあるのです。さて「生命活動によって熱が蓄えられる」という表現は、ある意味で非常に子どもじみています。なぜなら現代の自然科学は、それを元素の結びつき（化学結合）の違いによって説明するでしょうから。しかし例えば、教育学において「子どもの頃に愛されて育った人間は、おとなになってから人を愛することが出来る」と言ったところで、それを子どもじみていると感じないでしょう。

つまり、ここでは人間の体の何処かに、愛を溜め置く袋があると言っているのではなくて、人間の幼少期の体験が、成年期以降の人間の社会行動と関係しているということが述べられているのです。そして、こういった関係性を理解するならば、人を愛せる段階まで愛されて育った人間を、比喩的に「愛をたっぷり与えられた人間」と表現しても構わないのです。シュタイナーは、農業講座の中でおそらく、これと同じ意味で「人間にとって健全な熱」を蓄えた薪を育てる方法について話しています。熱も光も、重さや体積のあるものでは有りません。しかし、それでもしっかりと木材という物質の中に蓄えられているのです。

そして薪を「燃やす」ということは、そうやって蓄えられた熱と光を「開放する」ことだと言うことが出来ます。実際、木材は燃える直前に炭化して真っ黒になります。つまり、それまでもっていた「光」が失われてしまったからこそ、明るい土色だった木材は、真っ暗な炭の色へと変化してしまうのです。そして皆さんもご存知の様に、木炭はほとんど炎を出さず、もっぱら熱だけを出して静かに燃えます。通常の化学でも、この「明るい炎」と「暗い炎」は区別されます。代表的なものは青くて暗いガスコンロの火と、明るく輝くベンゼンの燃焼です。

通常の化学は、この「明るさの違い」を、煤《すす》によって説明しているのが非常に興味深いところです。おそらく皆さんは「煤」と聞いて、真っ黒で粉っぽい物質を想像されるのではないかと思います。ところが驚くべきことに、この闇の様な煤があることで、炎は明るく照り輝くのです。どうして、そうなっているのかという説明は、複雑すぎるのでここでは割愛します。しかし一口に「炎」といっても主に熱を発する燃焼と、主に光を発する燃焼との二種類が存在することが明らかになりました。そして、これが硫黄と燐の違いなのです。

こうして太陽からやって来て、木材の中へと「閉じ込められていた」熱と光は、燃焼というプロセスによって、再び太陽へと、あるいは少なくとも空へと「帰って」いくのです。そして、これと同じことは灰についても言えます。灰の主成分というのは、酸化カリウムと酸化カルシウムであり、これらの「アルカリ金属」は成長する植物が、生命活動を通して「合成したもの」というよりはむしろ、土から「借りてきたもの」だと言うことが出来ます。そして燃焼を通して植物は、この「土から借りてきたもの」を、灰として再び土に返すのです。

燃焼の結果として「残った物質」を灰と呼ぶ様に、燃焼の結果として「消えてしまった物質」も存在します。それが多糖類であるセルロース分子から成る微小繊維であり、木材の実に90％以上は、それから出来ているのです。そして、それを燃焼させると、水と二酸化炭素に分解されます。これらは燃焼過程で、どちらも空気の中で全てが雲散霧消します。だからこそ、それらは私たちの目には「消えた」様に見えるのです。これら水と二酸化炭素の「由来」は何かと問うならば、それは植物が成長する時に取り入れた水と二酸化炭素だということになります。私たちが学校で習う光合成の化学反応式は、そのことを教えてくれるのです。

$$12H_2O + 6CO_2 \rightarrow C_6H_{12}O_6 + 6O_2 + 6H_2O$$

こう考えるならば、植物の大部分は水と空気（二酸化炭素）から出来ていると言えます。そして、そうやって出来た木材を燃やすと今度は水と空気（二酸化炭素）に戻っていくのです。

どうでしょうか皆さん、こうやって考えていくならば、前回に私たちが燃やした木毛は、土と水と空気、そして熱と光と更には生命から出来ていたことになります。ところが私たちは、そのことを今の今まで知らなかったのです。それは木毛に限らず、基本的に全ての有機物に当てはまります。

そして有機物を燃やすということは、この入り組んだ複合体を分解して、土から借りたものは灰として土に返し、水は水に、空気は空気へと返していくことなのです。

これは前回の最後に述べたことの復習です。燃焼というのはつまり、複雑に組み合わせられた有機物を、異なるエレメントに分解することです。そして、これに逆行する生命のプロセスというのは土・水・空気・熱・光という異なる素材を、統一的な組成にすることなのです。

大地から借りてきたもの

さて前回、皆さんはマグノリアの畑で木毛の燃焼実験を行った訳ですが、そこで後に残った灰を片付けしなかったよな、ということに気になった方はいらっしゃるでしょうか。結論から言うと、あの灰は片付けなくても良かったのです。何故なら植物を燃やした時に出る灰は、土に撒くと植物の肥料になるからです。因みに、あの木毛は国内唯一の、国産の木材から木毛を作る会社から直接購入しています。それは四国の高知にあるメーカーなのですが、もしそこで使われている木材が、高知産のものならば、あの燃焼実験をやることで、私たちは高知の土を少しだけ福島の土に混ぜただけなのです。

さて「灰は植物の肥料になる」と聞いて驚かれた方もいらっしゃるかも知れませんが、これは植物栽培のイロハであり、特に驚くべきことではありません。そもそも既に述べた様に、灰というのは、植物が「大地から借りてきたもの」なのですから、それを再び地面に返してあげることは、それが肥料にならなかったとしても、当然やるべきなのです。そして、この事実は、ギリシャ神話のフェニックスを想起させます。寿命を迎えたフェニックスは、自ら燃え盛る炎の中に身を投じ、灰の中から復活します。これと同様に寿命を迎えた植物は、人間の手によって刈り取られ、火に焼かれます。そうして得られた灰は畑に撒かれ、そして新たな植物の成長の糧になるのです。そう考えるならば、不死鳥の物語というのは、古代ギリシャ人の空想の産物などではなく、農家の方々が日常的に体験されていることなのです。

しかし、それでもやはり、全く生命をもたない灰が、植物の肥料になるというのは奇妙に思えます。そこで必要となって来るのが、カオスという概念です。カオスというのはつまり「かたちが全くない」ということです、おそらく皆さんは、そんなものに何の魅力も感じないと思います。しかしカオスというのは、何も始まっていないからこそ、何でも始めることが出来るのです。

つまり私たちは、灰という物質の「中に」何かが存在すると考えてはいけないということです。そうではなく、燃焼プロセスが、古い生命の作り出したもの全てを破壊し尽くしたからこそ、またそこに新たな生命が宿る可能性が生じたのです。そしてシュタイナーは、発芽というプロセスを正に、このカオスという概念によって説明しています。彼によると発芽というのは、決して「種の中に仕舞い込まれていたもの」の展開ではなく、種という物質がカオスへと消え去ることと、そこに宇宙から植物が舞い降りることなのです。

バイオダイナミック農業では、植物を栽培する上で、宇宙とのつながりを考慮します。そして、この地上で、宇宙からの働きを受け取るものこそが、種の中で形成されるカオスなのです。

それでもやはり、灰だけでは植物の肥料として不充分です。そうすると、植物の「燃やし方」が問題になってきます。つまり火を点けて燃やしてしまうと、窒素が飛んでいってしまって、理想的な肥料にはならないということです。だからこそ自然は、もう生命を失ってしまった有機物を「静かに燃やす」方法を知っています。そのために人間は、マッチで火を点ける必要も有りません。収穫の終わったトマトの茎や剪定した枝、あるいは牛のフンや動物の死骸などを集めてひとかたまりにしておけば、それらは自然と燃え始めるのです。

木毛の燃焼実験ほどではないにしても、堆肥の山もまた「熱」をもっています。寒い冬の日に、堆肥の山だけ雪が溶けている様子は、何とも言えない光景です。堆肥の山は、発酵の熱で最大60℃から70℃くらいになります。そして温度は徐々に下がって来て、40℃前後に落ち着くと「頃合い」です。つまり、こうして出来た完熟の堆肥こそが正に、植物の肥料にふさわしいのです。

そして、この「生物学的な燃焼」には主に二つの方向性があります。もし、その燃焼プロセスが、人間にとって好都合なものならば、それは「発酵」と呼ばれます。しかし、それが人間にとって望ましくないものならば「腐敗」と呼ばれてしまうのです。例えばお酢は、人間が必要としているものであり、それは酢酸発酵によって作られます。ところが、この酢酸発酵がワインの樽の中で起きてしまうと、それは腐敗になってしまうのです。同様にビール発酵をしているところに、納豆菌が混入してしまうならば、それもやはり腐敗ということになってしまいます。

何れにせよ、日本人の食卓は、発酵によって支えられていると言っても過言ではありません。醤油、味噌、そして何と言ってもお酒は、発酵によって作られています。美味しいチーズについて知るためには、この発酵という生物学的な燃焼、緩やかな燃焼について詳しく知る必要があります。それこそが正に、広範囲に渡る発酵学の領域なのですが、これだけ話していると、今日の時間が終わってしまうので、このあたりで次の領域に入っていきましょう。

さて、発酵や腐敗を「生物学的な燃焼」と名付けることが出来るのと同様に、植物の成長そのものを、ひとつの燃焼プロセスと理解することも出来ます。それは先程、発芽というプロセスに関して言及した時点で、既に述べられていたのですが、そもそも植物の成長というのは、古い命が消えることから始まるのです。そしてカオスの中に生命が消えた瞬間、今度は遠い宇宙から植物のフォルムが降りて来ることで、また新しい植物の生命が始まるのです。

この様に「種がカオスへ向かう過程」を、私たちは一般に「発芽」と呼んでいる訳なのですが、その時に植物の種子は、実際に発熱しているのです。これを発芽熱と言うのですが、例えば、もやしを育てる業者は、この発芽熱を適切にコントロールすることに苦心します。何故なら、一度に大量のもやしを作ろうとすると、この発芽熱の影響で栽培容器の中は、軽く50℃を超えてしまうからです。植物を栽培する環境があまりにも高温になってしまうと、植物の生育に悪い影響が出るのは当然ですから、もやし業者の人は、そこに冷たい水を与えて、熱を冷ましてあげるのです。

つまり、熱を発する堆肥の山を「生物学的な燃焼」と呼ぶならば、発芽熱から始まる植物の成長そのものもまた同様に「生物学的な燃焼」と呼んで差し支えないのです。そして、日本語では植物が芽を出すことを「萌える」と言います、つまり「もやし」は実際に「燃やし」て作るのです。あるいは更に植物が成長して、果実を稔らせると、私たちは、それが「熟す」のを待ちます。皆さんもご存知の様に「灬」という部首は「れっか」もしくは「れんが」と読み「火」を意味しています。この場合は発芽の時とは異なり、果実そのものが発熱することはありません。しかし青い果実が熟れたのは、太陽の光が熱したからなのです。

燃焼の科学

その様にして考えるならば、植物学そのものを、ひとつの「燃焼の科学」と捉えることも可能です。言うまでもなく、これは植物学の一側面に過ぎません。しかし植物の成長全体を、ひとつの「燃焼」として捉えることで、見えてくるものもあるのです。

さて前回から私たちは、幾つかの燃焼について見てきました。それは大きく物理的な燃焼と、生物学的な燃焼の二つに分けることが出来ます。物理的な燃焼というのは、木毛の実験に代表されるもので、自動車のエンジンの中でガソリンが燃えることは、ここに分類されます。そして次に、生物学的な燃焼と呼べるものは、菌類や微生物による発酵と腐敗であり、また植物の成長そのものも、またここに含まれます。

そして、自然界全体を見渡すならば、ここに更に二つの燃焼を付け加えなければなりません。それはつまり魂の燃焼と精神の燃焼なのですが、そのためには心理学の基礎としての生理学と、キリスト教的な社会論についてお話しなければならないのですが、そのことについて、ここアグリ・キャンパスでお話する機会はありません。

何故ならば、それは「農業」という範疇からは、あまりにも大きくかけ離れてしまうからです。つまり、この地上的な世界は、鉱物界・植物界・動物界・人間界という四層構造になっているのですが、ここでお話する内容は主に土台となる下部の二層についてだということです。

とは言え、私たちは農業をしている限り、そこで得られた農産物を食べるということをしているのも、また事実です。この場合、生物的な領域で得られたものが、人間の口に入るまでのプロセスについて研究しなければならないのですが、この学問が一般に栄養学と呼ばれているものなのです。人間は、植物の成長で太陽によって熱せられて燃えたもの、即ち熟れた赤いトマトを口にします。あるいは、日本人は醤油や味噌など、生物学的に好都合に燃えたもの、即ち発酵食品を口にします。そして田んぼで植物が「萌えた」結果として得られるお米は、未だ「燃え方」が足りないので、水を足して炊くしかありません。つまり食品を調理するということは、自然界では不充分だった燃焼のプロセスを、人為的に延長するということなのです。

この様に見ていくならば、生物学的な領域における燃焼プロセスの研究は、凡そ植物学、栄養学、発酵学の三領域に大別することが出来ます。農業をする上で、植物学というのは必須科目ですから、これからずっと学んでいくことになるでしょう。またマグノリア農園が開園する際には、そのお祝いとして栄養学に関するお話をさせていただきました。そして神之木クリニックの場所をお借りして、発酵に関する勉強会を開催したこともあります。

ここで少しだけ複雑なことを述べるならば、いわゆる「狭義の」栄養学というのは、植物と動物が自然から採られて、発酵や調理という燃焼のプロセスを経て、口に入るところで終わります。何故なら、口に入った食品が咀嚼され、それが胃の中で分解されて十二指腸へと運ばれ……という考察は栄養学と言うよりも、むしろ生理学と言ったほうが適切だからです。この様に、口の中に入った食品が、バラバラに破壊され、徐々に消えていくプロセスのことを消化と呼びます。そして消化の問題は「生理学の一分野」ということになるのですが、このことについては次回、即ち第三回において簡単に言及することになるでしょう。そして生理学というのは、純粋に生命の領域だけではなく、魂や精神の領域とも関わっています。つまり、口の中に入った後の食品の運命を理解したいのならば、人間の魂と精神に関する理解もしなければならないということなのです。

僕が敢えて、この様な複雑なことを口にするのは、それなりの理由があります。というのも、ほとんどの人は、無意識のうちに、栄養学に「何を食べれば健康になるのか」を期待してしまっているからです。しかし栄養学というのは、自然と人間の関係性を解明する学問であって、健康になりたいという人間のエゴイズムの奴隷ではないのです。

もし皆さんが、病気だというのなら、食べ物ではなく薬を探して下さい。あるいは三ッ星シェフのところにではなく、医者のところに行って下さい。幸いなことにマグノリアには、信頼出来る医療関係者が何人も居ます。皆さんが「何を食べて良いのか分からない」というのならば、小難しい栄養学講座を受けるよりも、むしろ自分の食品に対する感性を磨いて下さい。それはもう、この後のお昼ご飯から始められることなのです。それは学問的な問題なのではなく、むしろ芸術的な課題なのです。

さて「燃焼」という極めて単純な自然現象について考察するだけで、驚くほど広い領域の問題に取り組むことが出来る様になりました。これが前回にお話しした「動画」なのです。自然界の様々な現象を、同じ「燃焼」というひとつのプロセスが、物理的領域、生命的領域、心理的領域などという様々な存在の領域で、姿を現しているだけなんだと理解するならば、一見何の関連性もない様に思える諸現象を、連続的なものとして捉えることが出来る様になるのです。

これまで皆さんは、マッチでロウソクに火を点けることと、植物の種が発芽することの間に、何らかの「つながり」を感じられたことはあるでしょうか。そして、それが更に食べたものの消化や、人間の意志とも関係しているのです。これまでの考察が明らかにした様に、それは異なる段階における同じ「燃焼」なのです。確かにロウソクは「火」によって燃え始め、種は「水」によって萌え始めます。しかし、それでも両者の間につながりを見出すことは可能なのです。

念の為にいっておきますと、ここで皆さんにお見せしている「動画」は、随分と解像度の粗い、画素数の少ないものです。つまり、それは未だ「学問的な厳密さ」を決定的に欠いているのです。そして「解像度を上げる」ということはつまり、これまで全く日常的な言葉で表現してきた事柄を、改めて学術的な用語で表現し直す、ということなのです。もし、それをするならば、大学の生物学や化学の教授にとって、価値の有るものになるかも知れません。しかし、それをやるには、今よりも何倍もの時間を必要とする上に、それをやったところで別に踊れる様になる訳ではないのです。

硫黄プロセス

ということで、私たちは踊れるようになるために、これまで見て来た自然現象に新たな名称を与えます。つまり、これまでずっと「燃焼」と呼んで来たもの――それは異なる領域における全ての燃焼を含めて――硫黄プロセスと呼ぶことにします。どうして「燃焼」というプロセスを「硫黄」という物質名で呼ぶのかということについては、ここで簡単な説明をしておいた方が良いでしょう。

これは中世の錬金術に由来する用語であり、そもそも自然界において「有機物」以外で「燃える物質」というのは、当時は硫黄くらいしか知られていませんでした。言うまでもなく、現代では水素を始め、可燃性の無機物は無数に知られています。しかし、それは近代以降の「化学」の成果であって、そのことを中世の「錬金術」は未だ知らないのです。

そうだとするならば、現代の現象学的化学に適切な名称を探すべきなのではないか、という疑問をもたれる方もいらっしゃるかも知れませんが「名称」というのは、全く別々のことを考えている自然科学者どうしの、いわば共通言語であって、一度《ひとたび》定着してしまうと、なかなか変更することが難しいのです。それは「電流とは、逆向きに移動するマイナスの電荷を持った電子」という複雑な状況について考えるだけでも明らかでしょう。

これは少し余談になりますが、化学における最も基礎的な概念である元素の名称、例えば炭素・窒素・酸素・水素という用語も非常に混乱しています。おそらく、このことについては、栄養学の延長として、生化学に関する講座をする時に、詳しくみていくことになるでしょう。そして生化学の領域を出て、純粋に鉱物的な化学現象を記述する時にもやはり、窒素・酸素・水素という名称は全く不適切だと言えます。そして唯一、炭素だけは無機的な自然においては、まっとうな名称だと言えるでしょう。しかし地上で最も硬い鉱物であるダイヤモンドと、最も柔らかい鉱物である黒鉛のどちらにも成ることが出来る炭素に、誰もが納得するひとつの名称を与えることなど、そもそも可能なのでしょうか。

何れにせよ、大切なことは、あまり名称にこだわらないことです。本質的なことは「概念」であって「言葉」ではないのです。ですから、ここで「硫黄プロセス」と呼んでいるものは、別に「燐プロセス」と言い換えても特に差し支えありません。硫黄と燐は確かに異なる物質ですが、有機的自然における働きには共通点があるからです。

また、これまでに使って来た「燃焼」という用語は、今後は鉱物学的な領域の燃焼、即ち「狭義の硫黄プロセス」に用いたいと思います。つまり通常の化学用語はそのままにしておいて、現代的な現象学的化学を展開するために、西洋中世に由来する錬金術の用語を借用するのです。そして実際に使い慣れてみると、確かに便利な言葉だなということが分かっていただけるでしょう。

ということで、改めて木毛の燃焼実験に立ち返りましょう。燃焼の時に発生したガスを集めて、水の中に溶かしてみましょう。そうすると炭酸水が出来上がり、それは弱酸性を示します。これに対して、灰を集めて水に溶かすならば、その水溶液は弱いアルカリ性を示します。こうして私たちは、酸とアルカリという化学の基礎概念に、全く新しい「感情」を付け加えることが出来ました。というのも高校の化学では、酸とアルカリというものを、単に「水素イオンの濃度」だと学びます。しかし私たちは生まれてこの方一度も「水素イオン」なるものを見たことが無い訳ですから、そう言われてもいまいちピンと来ないのです。

ところが、燃焼の結果として「上に昇っていくもの」が水に溶けると酸性を示し、「下に落ちていくもの」が水に溶けるとアルカリ性を示すと聞かされるならば、それらの本質的な違いをイメージすることが出来ます。おそらく皆さんは、これまで酸とアルカリというものを、右と左という「水平軸」でイメージされてきたのではないかと思います。その場合、おそらく左がアルカリ性で右が酸性でしょう。言うまでもなく、これは全く間違っていません。しかし私たちは今や、それと同じことを「垂直の軸」でも考えることが出来るのです。そしてリトマス試験紙を使えば、酸性が赤く、そしてアルカリ性が青くなるという事実も、この様な観点から見た時には決して無駄なものではないのです。

そして今度は、この酸性とアルカリ性の水溶液を混ぜてみましょう。そうすると酸とアルカリは中和され、水溶液は中性を示すことになります。そして、こうやって酸とアルカリの混合から出来た物質を、私たちは一般に塩《えん》と呼んでおり、これがずいぶんと遅れて登場してしまいましたが、今回の講座の主役なのです。少し専門的なことをいうならば、この様に酸の陰イオンとアルカリの陽イオンが結びついて生じる物質のことを、総称して塩《えん》と呼ぶのに対して、塩化ナトリウム、即ち食塩のことは一般に塩《しお》と呼びます。しかし私たちは、決して大学入試の勉強をしている訳ではないので、こういった「厳密さ」にはあまりこだわりません。なぜなら前回お話したように、私たちは「精密な静止画」よりも「粗い動画」を作ろうとしているのですから。

さて生命に由来する木材という統一体を燃やすことで、物質は「上に登るもの」と「下に落ちるもの」の二方向に分裂します。しかし両者を水という媒質で結びつけて出会わせてやるならば、酸とアルカリという対極はなくなり、その結果として塩《えん》という新たな統一体が姿を表します。そして、これは最初にあった木材とは似ても似つかぬものです。自然を「プロセスとして」捉えていると、この様な現象に何度も繰り返して遭遇することになります。

つまり一度遠くに離れて、ようやく元のところに戻ってきたと思ったら、全然違う場所に着地していたというものです。その最も顕著な例として、葉っぱのメタモルフォーゼ（図1）があるということは前回既にお話ししてあります。

塩プロセス

さて、これで「役者は揃った」と言うことが出来ます。

先ずは、皆さんの左側に燃え盛る炎をイメージしていただいて、そこに土と水と空気と熱と光と生命の複合体である植物を投げ入れます。そうすると、空気（二酸化炭素）は上に昇り、土（灰）は下に落ちます。そして、それぞれを水に溶かして、酸性を示す水溶液を上に、アルカリ性を示す水溶液を下において下さい。そして、この両者を混ぜて中性になったものが、皆さんの右側に来るのです。この右側にある液体から、水分が蒸発すると、ビーカーの底には立方体の「塩」の結晶を目にすることが出来、これが左側にある燃え盛る炎のちょうど対極を成すものなのです。

念の為に言っておくならば、立方体の結晶構造を持っているのは塩化ナトリウムや塩化カリウムであって、ここで述べられている様なプロセスの中からは生まれません。しかし、それでも「最も典型的な塩」として立方体をイメージすることは非常に大切です。というのも、立方体という図形は、この地上的な世界を象徴しているからです。皆さんもご存知の様に、この世界は「三次元空間」だと言われています。それは三本の互いに直交する直線によって表現することが出来ます。どうでしょうか、イメージ出来ますでしょうか。つまり二本の直線を使って先ずは十字架を作った後に、その交点に三本目の直線を垂直に立てるのです。

こうすると、いわば「三次元の十字架」と呼べるものが出来上がるのですが、その六つの端に、今度は六枚の平面を垂直に合わせるのです。こうして立方体が出来上がるのですが、古代のユダヤ教において最も神聖な場所は、一辺が約10mの立方体の空間でした。そしてイスラームにおいて最も神聖な場所は、言うまでもなくメッカにあるカアバ(9)と呼ばれる神殿なのですが、これもまた一辺

10m強の、ほぼ立方体のかたちをしているのです。そして、一神教というものが人類の意識を地上的な世界へと導いたと理解するならば、これらの宗教の神殿のフォルムは全く「理に適っている」と言えます。これらの宗教を信仰する「意識」というのは、三角形のピラミッドを作った「意識」とは全く異なるのです。

さて植物の中に閉じ込められた熱と光は、燃焼によって太陽の元へと「帰って行く」のだと、今日の冒頭で述べました。これに対して、立方体をした塩は、この地上的な世界に降りて来たものを、また向こう側の世界へと帰ってしまわない様に「つなぎ止める」のです。例えば、魚の筋肉は、魚が生きている間は腐敗することが有りません。しかし魚が生命を失った瞬間から、魚の身はゆっくりと腐敗へ向かいます。既に述べた様に、これは広義の「燃焼」であり、今や私たちが硫黄プロセスと呼んでいるものです。ところが魚を塩漬けにするならば、腐敗という燃焼プロセスは止まります。つまり塩という物質が、硫黄プロセスという炎を消したのです。

そう考えるならば、硫黄プロセスの反対の現象を塩プロセスと呼ぶことにも、皆さんは違和感を感じないだろうと思います。そして、ここにおいても硫黄の時と同様、あまり塩という物質に捕われ過ぎないで下さい。何故ならば、ここではプロセスとしての塩が問題になっているからです。

例えば皆さんは、様々な漬物を作る時に多くの食塩、即ち塩化ナトリウムという物質を使用することをご存知だと思います。そして、それは既に述べた塩漬けの魚と同様に、多くの保存食品に共通していることです。そして次に、魚の干物に注目するならば、そこでは乾燥というプロセスが塩と同じ役割をしていることに気が付くでしょう。そこでは確かに、塩という物質が使われていますが、魚の身が乾燥すること自体が、その魚を長持ちさせているのです。そして実際、切り干し大根などは、全く塩を使わないのにもかかわらず、食品を長持ちさせます。あるいは、鰹節を作る時の本質的なプロセスもまた、カビを使った徹底的な乾燥だと言えるでしょう。

　現代を生きる私たちは、塩を用いなくても、乾燥させなくても、冷蔵庫に入れておくだけで食品を長持ちさせることが出来ます。そう考えるならば、乾燥するだけではなく、低温にすることもまた、塩プロセスだと呼ぶことが出来るでしょう。先ほど私たちは「堆肥の山は、炎は出していないけれども燃えている」という話をしました。つまり硫黄プロセスというのは熱を放出するのです。これに対して塩プロセスというのは「熱を吸収する」と言うことも出来るでしょうし、あるいは逆に「温度を下げる」ことで塩プロセスが起きる」と言うことも出来ます。

　これは少し、混乱する表現かもしれませんが、こう考えると、さほど難しいことではありません。先程は、硫黄プロセスとしての発芽において、熱が発生すると述べました。それを発芽熱と呼ぶのですが、そもそも種というのは熱を与えないと発芽しないのです。これは稲作での育苗において典型的です。育苗というのはつまり「田植えの準備をする」ということなのですが、苗代に種籾を播いて浸種しても、熱が不充分だと稲は発芽しないのです。そして発芽の時期は、水温を累積していくことで明らかになります。これは桜の開花予想が、2月1日以降の平均気温や最高気温の累積によって算出されることと、基本的に同じ理屈です。因みに前者は400℃、後者は600℃が基準です。

整理するならば、発芽という硫黄プロセスは、発芽熱という熱を発するけれども、そのためには「外から与えられた熱」が必要だということです。ロウソクに火を点けるには、先ずマッチで火を点けなければならないということですね。あるいは石油ファンヒーターは気化した石油を燃やしているということは、燃焼の前に石油を僅かに「硫黄化」しているということなのです。

同様に、堆肥の山も発酵のプロセスの中で熱を発しますが、あまりにも寒いところでは、発酵そのものが始まりません。例えば、堆肥の山に水道管を通して、発酵熱を利用してお湯を沸かすということは、原理的には全く可能です。しかし、そうやって熱が奪われることで、発酵そのものが適切に行われない、即ち良質の完熟堆肥が得られないかも知れません。実際エベレストには、何人もの登山家の遺体が、生前の形状を留めたままで腐らずに冷凍保存されていると聞きます。とは言え、寒さで水道管が凍結することを防止する為に、地表に露出した水道管を牛糞で覆う、ということは、僕もドイツで冬支度としてよくやりました。

話を元に戻して「温度を上げる」ことを、硫黄プロセスと呼ぶならば、その反対に「温度を下げる」ことを、単純に塩プロセスと呼んで差し支えないでしょう。実際、刺し身は冷蔵庫に入れるだけで、塩をふっていないのに長持ちします。つまり冷蔵庫で冷やすことで、その刺し身は塩プロセスを通過した、即ち「塩化」したのです。そして更に温度を下げると、冷蔵庫は冷凍庫になります。食品は冷やすだけよりも、凍らせた方がより長持ちするということは周知の事実です。実際アイスクリームには、そもそも賞味期限というものが有りません。つまり18℃以下で保存された食品は、いわば「時が止まっている」のです。

唐突に聞こえるかも知れませんが、冷蔵庫の中で時はゆっくり流れ、そして冷凍庫の中では時は止まってしまいます。言うまでもなく、これは生物学的な時間のことです。ですから時計を冷凍庫に入れても、それは外の世界と同じ様に時を刻みます。しかし生命活動においては、熱が時間の流れと関係しています。ですから、低い温度で時間がゆっくり流れる様に、温度の高いところでは、命のサイクルが速く回ります。あるいは、何らかの衝撃的な体験をした人の場合は、魂の時間が止まります。前回もお話した様に、その人の時間は「凍りついている」のです。

形あるものを生み出す

さて、今日の最後のテーマは、塩プロセスの「最も典型的なイメージ」についてです。硫黄プロセスの場合は、最初に木毛の燃焼実験をやって、それが一貫して講座の背景にありました。これに対して塩プロセスはと言うと、単に「逆向きの硫黄プロセス」だと述べられただけで、具体的なイメージというのは、立方体の塩の結晶だけで、それは未だプロセスを表現してはいません。しかし生物学的な領域において有機物質を分解から保持する塩の働きに関する考察は既に、塩プロセスの典型的なイメージへと向かっています。

というのも、塩という物質が行うのと同じ作用は、温度を下げることや、乾燥させることで行なえます。そこで今度は、塩の溶けた水の温度を下げてみましょう。そうすると、水の中に再結晶化された塩が析出します。そして、その水を更に何日か放置しておくならば、徐々に水は蒸発して塩の結晶のみが残るでしょう。つまり。これは「乾燥」なのです。

ここで忘れてはならないのは、水に溶けていた塩には形がなかったということです。ちょうど、硫黄プロセスが全てを破壊して、灰というカオスを作り出したのに対して、塩プロセスというのは、結晶という形のあるものを生み出すのです。こうして析出した物質は、地上的な存在として、自らの存在を維持しようと努めます。何故ならば、それはもう「出来上がったもの」だからです。その様な塩の特性が、食品の中の命を、錨の様に物質の中につなぎとめておくので、塩を混ぜた食品は長持ちするのです。つまり塩プロセスというのは、有機的・生物学的な領域では保存であり、維持であり、防腐であり、鉱物的・化学的領域では析出であり結晶化なのです。

この結晶化と析出のプロセス、即ち私たちが既に、塩プロセスと呼んでいるものを、ひとつの化学の実験として表現するならば、ミョウバン(硫酸カリウムアルミニウム)が最も適任でしょう。ミョウバンは、水の温度に応じて溶解度が大きく変化するので、塩化ナトリウムに比べて、析出の実験がしやすいと言えます。しかもミョウバンは簡単に薬局で手に入ります。後は熱した水に、ミョウバンを溶かせるだけ溶かして(飽和水溶液)、割り箸に結んだタコ糸をミョウバン水溶液の中に垂らしておくだけです。しばらくするとタコ糸の先に、綺麗な正八面体のミョウバンの結晶が出来ていることでしょう。

ここで前回と同様に「理想的な実験」について考えてみましょう。そうすると、この実験の場合は、大きな結晶を作ることが差し当たりの目標になります。燃焼実験のことを少し思い出していただきたいのですが、単に「ものが燃える」ということだけを見せたかったのであれば、ロウソクに火を点けるだけでも良かったはずなのです。ところが、わざわざ大量の木毛を用意して大きな炎にしたのは、実験そのものを印象的にするためだったのです。同様に私たちは、大きな結晶を作る実験をやりたいのですが、ここに化学的な壁が立ちはだかります。

というのも、大きな結晶を作るには、長い時間が必要だからです。結晶は、水溶液が冷えていくプロセスの中で成長します。つまり大きな結晶は、水溶液をゆっくり冷ますことで出来ていくのです。具体的には、水溶液を入れた容器を毛布で巻いて保温したり、あるいは魔法瓶の中で作ってしまうことも可能でしょう。こうして大きな結晶を作ることが出来るのですが、これを実際にやると時間がかかり過ぎて、結晶が完成する前に授業時間が終わってしまうのです。また、この実験をビーカーの様なガラスの容器でするならば、結晶化の様子を目で見て観察することも出来ますが、保温してしまうと、中がよく見えないという別の問題も生じるのです。

ということで、ガラス容器の中で、小さな結晶を眼の前で作って見せる実験と、長時間かけて大きな結晶を作って見せる実験の、両方を別々に見せるというのが現実的な解決策でしょう。先ずはガラス容器で、結晶のプロセスを観察した後に、教室の後ろではゆっくりと大きな結晶を作る実験が始まるのです。エポック授業(10)で一週間もかければ、かなり大きな結晶を作ることが出来ます。そして子どもたちは、理科室に来るたびに、成長して大きくなったミョウバンの結晶に感動することになるのです。そして地球は、この実に緩慢な結晶化のプロセスを、何千年も、また何万年もかけて行います。そうして出来たのが、ダイヤモンドや水晶、あるいはルビーやサファイアなどの宝石たちなのです。

どうでしょうか皆さん、この結晶実験が、前回の燃焼実験に比べてどれだけ対照的なものかにお気付きでしょうか。先ず燃焼の実験は誰もが容易にイメージ出来て、非常に刺激的で、そして短時間で盛り上がってすぐに終わります。これに対して結晶実験は、なかなかイメージするのが難しい上に、そのプロセス自体も実に地味で、また時間も長く必要とします。燃焼実験においては、誰もが炎という「燃えるプロセス」に注目して、灰という「変化の結果」には興味をもちません。これとは逆に結晶実験においては誰も「結晶化というプロセス」には興味をもたないのに、その「結果」である結晶には——特に女性は——強く心を惹かれるのです。

少し話は変わって、シュタイナー学校の化学の先生は、子どもたちに、アルカリの面白さに注意を向けるのに苦労をすると言います。これに対して酸は金属を溶かしたり、出て来た水素を爆発させたりと、アトラクションに満ちています。また味覚においても、酸というのは「すっぱい」という体験を誰もがもっていますが「アルカリの味」と聞いてイメージ出来る方が、この中に何人いらっしゃるでしょうか。そして、誰もが知っているアルカリの特性というのは「触れるとヌルヌルする」という、あの石鹸をつけた時の様な独特の感覚なのでしょう。これは皮脂が鹸化[11]したことによるので、それを私たちは、アルカリ温泉に入った時に体験しています。そしてアルカリの「味」はと言うと、敢えて言うなら苦味でしょうか。

リトマス試験紙でも赤色を示す様に、酸性というのは非常に能動的です。これに対して、青色を示すアルカリ性は地味で、なかなか特徴を見せてはくれないのです。そして最近では、アルカリ性のことを「塩基性」と呼ぶほうが主流になりつつあります。つまりアルカリというのは、これまで学んで来た塩プロセスに近い特性をもっているのです。そして酸というのは「水に溶けた炎」であり、だからこそ、酸性の水溶液は硫黄プロセスを内包しているのです。

現象学

硫黄の話とは対照的に、塩の話というのは思弁的にならざるを得ません。改めて思い出していただきたいのですが、硫黄の時に私たちは「体験」から始めました。しかし塩の場合は「硫黄プロセス」とは逆向きの過程」という、いささか抽象的な表現から始めたのです。そして「塩」という物質名を経由して、最終的に析出・結晶化という具体的な自然現象へと、即ち結晶実験へと降りてきました。そうなのです。実は、この過程そのものが既に塩プロセスなのです。

硫黄の場合、私たちは燃焼というプロセスに始まって、硫黄という物質名にたどり着きました。これに対して、塩の場合は、塩という物質名に始まって、最後に結晶・析出というプロセスに辿り着くのです。つまり「変化」を生む硫黄というのはプロセス的であり、素材を「保持」する塩というのは物質的なのです。あるいは、硫黄の話をする時には硫黄的に、そして塩の話をする時には塩的にならざるを得ないのです。これは全く驚くべき事実です。つまり自然現象というのは、人間に考え方までも教えてくれているのです。そして、これこそを現象学と呼ぶべきなのです。

更に話を先に進めましょう。硫黄の場合、私たちは燃焼という鉱物的・物質的な現象から発酵・腐敗、そして植物的な成長へと「昇って」いきました。これに対して、塩の場合は、魚や野菜を塩が「保存する」という生物学的な領域から始めて、最後に塩という鉱物の結晶の領域へと「降りて」来ました。つまり炎は「上に昇り」そして塩は「下に落ちる」のです。また硫黄の場合は、現象から理論へと向かう、そして塩の場合は理論に基づいて現象を探したのです。だからこそ前回は、最初に実験があり、今回は最後に実験があったのです。

塩に関する説明は、必ず硫黄との対比のなかで行われています。つまり繰り返し「硫黄の時はこうだったけれども、塩の場合は反対に」という表現が、何度も出てきているということです。つまり塩について理解するには、硫黄において「考えたこと」が鍵になるのです。そして硫黄について「考えたこと」は、硫黄について「体験したこと」に基づいています。そして塩について「考えたこと」は、結晶実験という「体験すること」を生み出すことで、再び最初の硫黄の体験へと戻って来るのです。そういった意味では、塩は思考的で、硫黄は意志的だと言っても何ら差し支えはないでしょう。

この様なことの全ては、現象の中に現れています。燃焼実験は速く進み、ドラマチックであるのに対して、結晶実験は、遅くて静かで地味なものです。

燃焼実験は、木材という統一的な物質から始め、それが硫黄プロセスを通過することで、実は土と水と空気と熱と光が「混ざったもの」だということが明らかになりました。ところが結晶実験は、ミョウバンを溶かすところから始めます。つまり、それは木材と同様に統一的なものではなく「塩の溶けた水」なのです。もし結晶実験を統一的な物質から始めるならば、例えば海水を取って来るのが良いでしょう。そうすれば「海水」という統一的な物質から水を蒸発させれば、塩が析出するプロセスを表現することが出来るからです。ミョウバンの時とは異なり、この場合に析出する結晶は正八面体ではなく、立方体だということもまた理想的です。ただ唯一の問題は、塩化ナトリウムで大きな結晶を作るのは非常に難しいということです。これは文字通り「玉に瑕《きず》」だと言えるでしょう。何故なら塩のイメージというのは、塩化ナトリウムの様な立方体なのですから。

最後に、ひとつだけ言い忘れていたことを補足しておきます。食品の温度を下げて保存するというのは、塩プロセスだと先程述べましたが、そう考えると、白くて四角い冷蔵庫も、何だか塩の結晶に見えてきました。例えば、赤くて丸い冷蔵庫は、私たちにどんな印象を与えるのでしょうか。こういう感覚は、自然を理解する芸術的な感覚から生まれたものなのでしょうか、それともこういう話こそ、もっとやっていくべきなのでしょうか。

(9) メッカのマスジド・ハラームの中心部にある建造物。イスラーム教における最高の聖地とみなされている聖殿（下写真）。

(10) シュタイナー教育の大きな特徴とも言えるのが、エポック授業（中心授業）。小中高すべての学年の1時間目に毎日行われる110分の授業で、専科以外

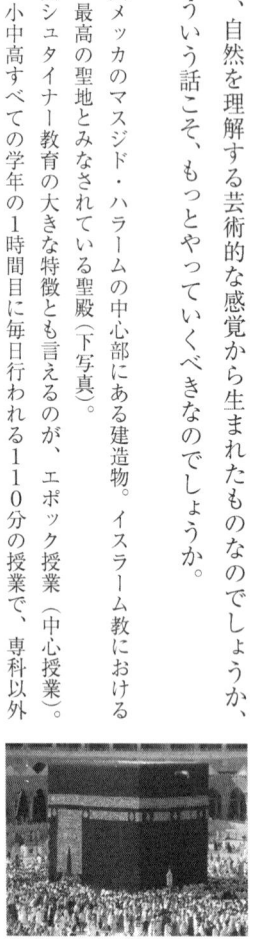

の国語、算数、理科、社会にあたる教科を2～4週間にわたって集中して学ぶもの。〈横浜シュタイナー学園HPより抜粋〉

(11)エステルにアルカリを加えて酸の塩とアルコールに加水分解する化学反応

お知らせ

この塩プロセスの講義は、動画4本（各13分程度）にまとめてあります。マグノリアの灯の会員は、どなたでもyou tubeで見ることができますので、事務局までご連絡ください。you tubeアドレスをお伝え致します。

＊＊＊＊＊＊＊＊＊＊＊＊＊＊＊＊＊＊＊＊＊＊＊＊＊＊＊＊＊＊＊＊＊＊

コラム　秋に夏と冬を体験する

キャンパスの開講日（２０１８年9月23日）に、マグノリア農園（福島県鏡石町）の放射線量が東京の数字より低いところまで下がっている話題になり、「いつからプレパラート(12)撒布を始めたんですか？」と竹下氏が問うて来た時、私は「２０１１年9月です」と答えました。後で思い出してみると、9月22日に須賀川市の保育園で試験的に撒布した翌日23日（秋分の日）に、南相馬で初めて撒布して

講座を終えて　2018年9月23日
マグノリア農園にて

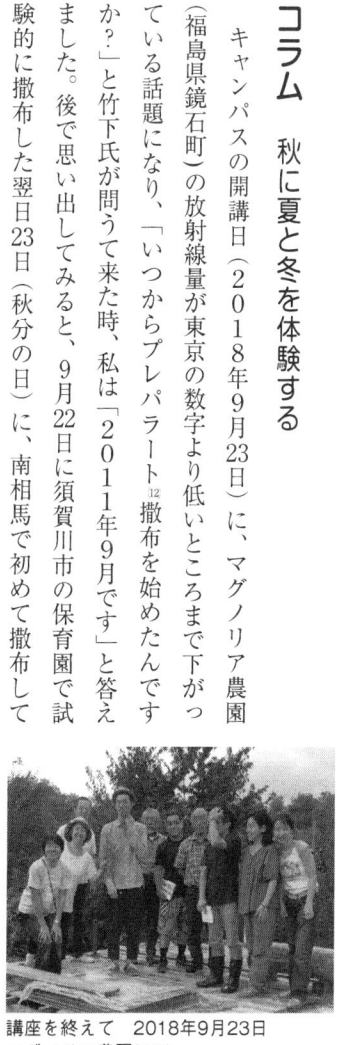

いました。それからちょうど7年後の秋分の日に、この講座が開講したことになるのです。7年前、津波で道路に打ち上げられたボートを驚きの目で見つめながら皆で1時間攪拌したこと、散布後の夕焼けが美しかったこと、翌朝光の柱が天に向かって伸びているという報告を受けたこと……。震災直後は、理屈をどうこう言うよりも目の前の放射線対策として具体的行為が求められていました。私は、このシュタイナーの農業講座1〜5講を2日間で済ませ、とにかくプレパラート撒布を急いだのです。7年の歳月を経て、当時私もまだ完全には理解できなかったプレパラートの深淵に今少しずつ歩を進めていますが、竹下氏の思考力は、その時皆で行った行為に新たな命を吹き込んでくれるのを感じるのです。

それは、竹下氏の言葉を借りるなら、2011年9月に夏を体験し、2018年9月に冬を体験したということなのでしょう。

（山本　忍）

⑿ 牛の角に牛糞や水晶を詰めたり、鹿の膀胱にノコギリソウを詰めるなど、動植物の力を借りて、叡智に満ちた手法で作成された大地への薬であり、作物の成長をサポートするもの。農業講座第4、5講で詳しく解説されている。日本では、いち早くバイオダイナミック農法を取り入れた先駆者たち〈北海道（ソフィア農場／ベン・このみキャンベル、星耕舎／半浦剛）、九州（熊本ぽっこわぱ／ピリオ・ドニー）〉により、独自に作成されている。マグノリアの灯が、福島県内各地で撒布したプレパラートは、半浦氏作成のもの。

＊＊＊＊＊＊＊＊＊＊＊＊＊＊＊＊＊＊＊＊＊＊＊＊＊＊＊＊＊

座学と実習　〜キャンパス開講にあたり

マグノリア・アグリ・キャンパス橋本文雄学長は、開講にあたり、以下のように挨拶していま す（抜粋）。

講座を進める上で、バイオダイナミック農法と有機農法との繋がりを意識して、以下の4点で講座の方向性を示しました。

1．講座の後は必ず畑に行く
2．土壌の性質を理解する
3．作り方は食べる人の精神性に働きかけることを知る
4．有機質を正しく使う

それに宇宙からの目を持つことを加えました。この4点は、心臓の4つの部屋、マグノリア農園の姿にそのまま重なっています。

そして、座学と実習が両輪のように働くことが大切だということを改めて感じるのです。

学長自らの畑講義に皆、真剣に聴き入る

3．水銀プロセス（調和させる）

☿

2018年10月28日 福島鏡石

植物の成長

もう今は収穫の時期ですが、田植えの頃を思い出してみて下さい。代掻《しろか》きをした跡で、未だ何も植わっていない田んぼを天気の良い日に覗き込んでみると、鏡の様に蒼い空を映し込んでいます。そして田植えをした直後というのは、この蒼い水面に少しだけ緑が足された程度です。しかし稲が成長すると共に、空の青が減って稲の緑が増えていきます。黄色い稲の花が見えたかと思うと、気がつけば、田んぼの水は抜かれていて、全体が黄色くなっています。そして稲穂を垂れ、田んぼ全体が黄金色に輝き始めた頃が、収穫時期です。小麦の実ならば、黄金色と言うよりも、ほとんどオレンジ色をしています。そして、トマトやリンゴなどは、熟れると真っ赤になるのです。

この様に植物の成長は、虹の色を下から昇っていきます。最初は土を含んだ水の領域であり、それは紫、藍、青という闇の色から始まります。それは先程の話で言うと育苗で、未だ田植えをする前の段階であり「根の領域」だと言うことも出来るでしょう。そして緑色が見えた時点で私たちは、ようやくそこに「植物」があると意識し始めます。そして、そこから更に上に上がって、最終的に熟れた果実というのは、黄、橙、赤という暖色を呈するのです。

これを前回に学んだ特殊な用語で表現するならば、植物の成長において水と闇の「蒼い」領域では、塩プロセスが優勢であり、熱と光の「赤い」領域では、硫黄プロセスが優勢だということになります。ですから果物が「熟れる」ということは、その植物が硫黄プロセスを通過した、即ち「硫黄化」したということになります。この様に、太陽の熱と光が「燃焼させた」果物は、生でも食べることが出来ますが、例えばカボチャなどは生で食べても美味しくありません。そこで、人工的な硫黄プロセスを加えてやることになるのですが、そのことを私たちは調理と呼んでいるのです。また、これとは反対に食品に塩を振ることで、それを長持ちさせることも出来ます。塩は変化させるのではなく、現状維持をするのです。あるいは「味がぼやける」ことを防ぐために、料理では水を減らすことがよくあります。例えば豆腐の水を切ったり、あるいは卵を使う時に卵白を抜いたりするのが、それです。そして、その最も典型的な例は鰹節でしょう。海水から塩が析出する様に、鰹節は水気を切ることで味を凝縮させているのです。そして乾燥もまた、塩プロセスだという話は既に前回お話ししてあります。

さて、この様に硫黄と塩という概念だけを使って、美味しい料理の作り方についてお話することも出来るのですが、それは今日の本題ではありません。だからこそ早速、これから今日の本題に入っていきたいところなのですが、その前に先ずは、前回のお話の中で、意図的に避けてきた領域について、簡単に整理しておきたいと思います。もし皆さんが前回、そして前々回に耳にしたことについて、詳細に整理していたならば、そこで大きな論理矛盾を発見されていた筈です。というのも、第一回において、私は「生命活動というのは逆向きの燃焼プロセスである」と述べました。この事実を理解する為には、小学校の理科の知識さえあれば充分です。つまり、燃焼というのは、炎が酸素を「吸って」そして二酸化炭素を「吐き出す」というプロセスだからです。これに対して、植物の成長は、二酸化炭素を「吸って」そして酸素を「吐き出す」ことで可能となります。だからこそ、植物の生命活動を「逆向きの燃焼プロセス」と呼んで差し支えないのです。

こう説明すると皆さんは「そうだとするならば、植物の成長というのは塩プロセスだということになる」とお考えだと思います。ところが、私は前回の講座で「植物の成長は硫黄プロセスである」とお話したのです。これは矛盾ではないでしょうか。しかし自然というのは、決して論理的に作られている訳ではないのです。むしろ自然というのは、驚くほど矛盾を内包しています。そういった意味では、一見矛盾している自然観の方が、むしろ現実を的確に表現しているとさえ言えるのです。

結論から先に言うならば、植物の成長というのは硫黄プロセスと塩プロセスの両方です。先ず物質的な観点から言うならば、有機物が燃えるということは、その物質は「酸化」されているということになります。そして仮に、植物の成長を「逆向きの燃焼」と呼ぶのであれば、植物の成長というのは「還元」ということになるのです。おそらく皆さんは、この概念を中学か高校の化学の授業で、耳にされていると思います。例えば、銅を燃やして酸化銅にするのが「酸化」で、そこから酸素を奪い取って最初の銅に戻すのが「還元」なのです。

そう考えていくならば、そもそも「燃える物質」というのは実は「還元された物質」ということなのです。確か第一回で私は、物質の燃える・燃えないの違いは有機物か無機物かで区別することが出来る、と述べたと思います。しかし、これを、もう少し正確に言うならば「燃える」という酸化反応を起こす物質というのは、必ず「還元されたもの」だということになるのです。そして前回、私が黒板に書いた光合成の化学反応式は、あれは還元反応だったのです。

実は正確に言うと、酸化と還元というのは必ず同時に起こります。具体的に言うと、光合成では左辺にあった水は酸素へと酸化され、そして二酸化炭素はグルコースへと還元されています。この様に酸化と還元というのは、必ず同時に起こるので、酸化還元反応と呼ばれています。更に言うならば、現代化学において酸化というのは、酸素と結びつくかどうかとは関係なく、その物質が電子を手放す反応のことを言います。同様に、還元もまた酸素を切り離すか否かではなく、電子を受け取る反応と理解されているのです。そして、この定義の場合は、酸素そのものもまた、酸化されたり還元されたりするのです。

仮に、こういった複雑なことを全く知らなかったとしても、植物の成長というのは、燃焼（酸化）の逆向きのプロセスなのだから――そして実際、酸素と二酸化端の吸収と排出は逆転しているのだから――それを還元と呼ぶことには何の抵抗も無いでしょう。つまり酸化の反対が還元であり、還元の反対が酸化なのです。よって逆向きの酸化（光合成）によって生じた有機物は、「還元されたもの」だからこそ燃えるのです。これが、言ってみれば「有機物が燃える化学的な理由」です。

これは「あなたは、どうしてそんなに賢いんですか」と問われて「なぜなら僕は、愚かではないからです」と答えているようなものです。これは説明をしているようで、実際は何も明らかにはしていません。何故なら賢いということは愚かではないということであり、愚かであるというのは賢くないということだからです。そういった意味で酸化と還元という概念は、互いに補完しあっているのです。

錬金術の世界

心配なさらなくても、もうこれ以上、話をややこしくするつもりはありません。二酸化炭素を吸って酸素を吐き出す植物の成長は、物質に着目するならば還元反応であり、これが一般に光合成と呼ばれているものです。そして、光合成の結果として、植物を構成する有機物が堆積していく訳ですから、これを塩プロセスと呼んで全く差し支えないのです。

これに対して、湿気を含んだ地面から、熱と光の方向へと向かう植物の成長全体を、硫黄プロセスと呼ぶこともまた、全く正しいと言えるでしょう。但し、この場合は主に成長というプロセスそのものに注目しています。そして確かに、植物というのは、上に向かうほど物質が崩壊していきます。ちょうど、燃焼によって統一的な有機物がバラバラに分解されて、カオスになる様に、植物の主に上部は、硫黄プロセスの結果として、わずかに物質が崩壊しています。例えばデンプンが分解されて、崩壊されれば糖になりますし、香りを放つ揮発性の物質もまた、植物物質の分解と崩壊の結果です。塩プロセスが、ひとかたまりの大きな結晶を作ろうとするのに対して、硫黄プロセスは物質を細かく刻み、水と空気へと返していくのです。

端的に言って植物は、プロセスとしては硫黄ですが、物質としては塩だと言えます。これは、そんなに難しい話ではありません。例えば皆さん、木材で家を建てることを想像してみて下さい。木材を建材として使用している限り、皆さんは木材を塩として理解しているのです。そして特に、降雨の少ない砂漠の様な地域では、塩の結晶の様な四角いレンガを積んで、平天井の四角い家を作ります。ところが木材建築が火災に遭うと、今までは塩だと思っていたものが、硫黄だったということに気がつくのです。

そう言われてみると、木材は黄色っぽいから硫黄なのかも知れません。しかし、それを四角く削って角材にするのですから、やはり私たちは木材を「塩として使いたい」のです。そして時々僕のような人間が現れて「木材の硫黄性」を示そうとします。その場合は、木毛の様に既に硫黄化しているもの、即ち薄くスライスして細かく裂いて、空気を多く含むものが適しているのです。

硫黄プロセスと塩プロセスという中世の錬金術に由来する用語は、この様にして自然の本質を記述することが出来ます。この様な「幅の広い概念」をもつことで、例えば燃焼という日常的な現象が、植物の成長とも関係している「硫黄プロセス」という大きな概念の一部として理解されるということが明らかになりました。そして、これと同じことは一般の化学でも行われていることです。実際「燃焼」というのは「物質の酸化である」と理解されています。この場合、山火事と鉄釘が錆びることは、同じ「酸化」だと理解される訳です。酸化と還元という化学的な変化は、今では酸素との結びつきではなくて、電子の受け渡しで説明されています。こうすると例えば「フッ素が酸素を酸化する」という非常に興味深い現象が起こるのです。

少なくとも「物質をバラバラにしている」という意味では、酸化（燃焼）は硫黄プロセスと、そして土と水と空気を一つにまとめて蓄積しているという意味では、還元（光合成）は塩プロセスだということが出来るでしょう。ところが光合成（還元）を物質の生命化と呼ぶならば、物質の脱生命化というのが酸化するということになってしまいます。そして実際、私たちは自らの生命活動の結果として、もう必要なくなった酸化した炭素（二酸化炭素）を呼吸において捨てているのです。つまり物質ではなく、生命という観点に着目するならば、光合成（還元）によって「持ち上げられ」、そして酸化によって「投げ落とされる」のです。

そうなのです。実は、この場合は還元が硫黄プロセスであり、酸化が塩プロセスということになってしまうのです。そして、このくらい複雑に思考することが出来るのならば、ようやく植物界と、動物界・人間界との関係性が明らかになります。先ず植物は光合成において、水を「突き落として」酸素にすることで、逆に二酸化炭素を「持ち上げて」グルコースに変換し、これを動物や人間が栄養として体に取り込むのです。こうして栄養を与えられた動物と人間は、その代わりに誰かに「生命を与える」ということはしません。何故なら動物と人間は「意識」を有しているが故に「自然界の消費者」だからです。そして、この反対に「自然界の生産者」が植物界だということは、周知の事実でしょう。

このような植物界の特殊性は、結局のところ植物は光合成によって光を栄養にすることが出来ることと関係しています。植物はいわば、太陽から直接的に生命を与えられているのです。そして、この「宇宙的な生命」を地上で存在させるために、植物は幾らかの「重さ」を必要としています。だからこそ「植物の栄養」たる灰は「酸化したアルカリ金属」であり、また光合成に必要な水と二酸化炭素もまた「酸化物」なのです。そして動物や人間は、植物のように「光を受けて生命を与える」ということが出来ない代わりに、目に見えない意識という名の光を内側に有しているのです。

そして「意識」と「死」が関係している、というお話は、第一回の時に既にお話してあります。つまり動物や人間は、意識を有しているが故に、自らの有する生命的な要素を殺しているのです。酸素を吸って二酸化炭素を吐き出すという動物や人間の呼吸は、物質を破壊してバラバラにする炎を象徴しています。例えば皆さん、樹齢五十年の杉の木が百年まで成長することと、五十歳のおじさんが百歳のおじいちゃんになることを比較してみて下さい。おそらく杉の木は、およそ倍の大きさになっていると思いますが、人間の方は、大きさが変わらないばかりか、むしろ縮んでさえいるのです。そして、こういうことは動物と人間が意識を有しており、その呼吸が「物質を崩壊させる燃焼」であるのに対して、植物の成長という硫黄プロセスは反対に「物質を構築する燃焼」であることと関係しているのです。

どうか皆さん、僕の話の「全てを」理解しようとしないで下さい。大切なことは、そこで体験される「感情」なのです。何故なら硫黄プロセスや塩プロセスといった錬金術的な概念を知ったところで、すぐさま全ての秘密を打ち明けてくれるほど、自然は単純には出来ていないからです。しかし、それでも皆さんの中に、何か自然の本質に近づきつつあるという予感が芽生えていてくれているのなら、僕のお話は「上手くいっている」と言えるでしょう。

水を考える

さて、おさらいはこれくらいにして、これから今日の本題が始まります。それは前回の考察から既に登場しているのですが、何故だか、ほとんど無視され続けてきた物質についてです。それが今日の本題である水なのですが、興味深いことに私たちは水そのものについて考えることはあまり多くないのです。

しかし皆さん、今朝起きた時の情景を思い出してみて下さい。先ず皆さんが、ベッドから起き上がると、少しシーツが湿っていることに気がつきます。何故なら皆さんは、寝ている間に汗をかいたからです。そして、この汗が体から分泌された水分だということは、言うまでもありません。一般に人間は、呼吸における水蒸気放出も含めて、寝ている間に約500mlもの水分を失うと言われています。そして寝室を出ると皆さんは、トイレに向かわれます。ここでは「尿」という水分が排泄されて、それから便器は水を使って洗い流されます。朝食へ向かう前には、水で手を洗うことを忘れないで下さい。そして食卓には、味噌汁やコーヒーという、様々な味のする「水」が用意されているのです。

どうでしょうか皆さん、この様に私たちの一日は、驚くほど水に溢れています。ところが、それがあまりにも「普通」のことであるが故に、そのことを私たちはほとんど意識することがないのです。

そして、これと同じことは化学の世界においても言えます。これは今でも覚えているのですが、私が小学校の五年生か六年生くらいの時に、理科の授業で「身近な水溶液」について学びました。そこで僕にとって驚きだったのは「水溶液」という概念でした。というのも確かに食塩水・砂糖水・アルコール水・酢酸水（酢）・炭酸水というものは、僕にとって「身近なもの」でした。ところが、これらを総称して「水溶液」と呼ぶこと自体は、全く「身近なこと」ではなかったからです。

そして興味深いことに、授業の中で「水溶液とは何か」という話は一切ありませんでした。何故ならば授業の本題は、それらの様々な水溶液の性質の違いを比較することだったからです。そこで僕は、自分の親に「水溶液とは何か」と問いました。当時は未だGoogle検索は存在しなかったので、親は化学辞典か何かで調べてくれて、水溶液とは「何らかの物質を水に溶かした液体」と書かれていました。ですから例えば、食塩水というのは「食塩を水に溶かした液体」なのです。

こんなに当たり前のことを、わざわざ辞書で調べる必要はあるのか、と疑問に思われる方もいるでしょう。しかし、ここでの疑問には、全く注目するに値する問題が含まれているのです。というのも、仮に食塩水が「食塩を水に溶かしたもの」ならば、塩についての性質を調べれば良いじゃないかと、当時の僕は考えたからです。例えば皆さんは、ラーメンとチャーシューメンの違いをご存知でしょうか。そうなのです、ラーメンにチャーシューを乗せたのがチャーシューメンなのです。つまり、それは単に「トッピングの問題」ということになりますね。同様に、キツネうどんとワカメうどんと、そして月見うどんと山菜うどんは、単なる「トッピングの違い」であって、それらの具材の違いは、わざわざうどんの上に載せなくても分かるのです。そして実際、食塩と砂糖の違いは水に溶かさなくても、そのまま舐めてみれば違いは明白なのです。そういった意味では、小学校の頃の僕の疑問は全く正しいと言えます。

ところが、この小学校の理科の時間でわざわざ「水溶液」を扱うのには、それなりの理由があるのです。というのも確かに、溶かす前の食塩と砂糖は個体なのですが、アルコールと酢酸というのは、水に溶かす前でも既に液体ですし、炭酸に至っては気体なのです。そういった意味で、わざわざ「水溶液」を作るということは、全てを液体という「同じ土俵」に上げていることになるのです。

そして、中学生で学んだ酸とアルカリの知識を考慮するならば、どうしてそれらが「水溶液」でなければならなかったかが分かります。というのも酸性というのは、つまり水素イオンが多いということであり、またアルカリ性というのは水酸化イオンが多いということだからです。そして水という物質が、二つの水素と一つの酸素から出来ているということは誰もが知っていることです、つまり炭酸水が酸性を示すのは、炭酸という気体の特性によるのではなく、それによって変化した水そのものの特性によるのです。

これを先程のチャーシューメンの例に立ち返って考えてみましょう。皆さんは、ラーメンを注文して出て来た後に、お隣さんの食べているチャーシューメンを見て欲しくなってしまいました。そこで皆さんは、チャーシューだけを後から「トッピングとして」注文するのです。ところが、ここで驚天動地の事態が起こります。というのも、皆さんが、後から出てきたチャーシューを乗せた途端、それまでは醤油ラーメンだったものが突然、豚骨ラーメンに変化したからです。

酸とアルカリの問題が決して単純ではないのは、こういう現実と関係しています。つまり炭酸ガスという気体が酸性なのではなく、それを溶かした水が酸性を示すのです。そして前回にも簡単に言及した「用語の混乱」もまた、こういう点に起因します。確かに炭酸には「酸」素という物質が含まれています。しかし炭酸水が「酸」性を示すのは「酸」素によるのではなく、何故だか水素イオンによるのです。

塩が水に溶けるということは、言うまでもなく、水が物質を変化させているということです。ところが酸とアルカリの話の場合は、何らかの物質によって、水そのものが変化しているということなのです。そして、これが正に水という存在について考察する場合の出発点となります。つまり水というのは誰かを変化させるけれども、その中で自分自身も変化しているのです。

水の振る舞い

これを別の言葉で表現するならば、水という存在について考察する時に「水そのもの」に注目することは全く馬鹿げているということなのです。

例えば、皆さん一度「水の特性」について考えてみて下さい。それは色がなくて味がなく、匂いがなくて形もありません。正直なところ、これで重さもなければ、そもそも私たちは水を物質だとすら思わないでしょう。いやいや水には、ちゃんと味があるじゃないかと思う方もいらっしゃるかも知れませんが、それは主に水に溶けているカルシウムとマグネシウムの味なのです。だからこそ、味のする「ミネラル」の溶けた水は「ミネラル・ウォーター」としてコンビニで売られているのです。これが信じられない方は是非、雨水を舐めてみて下さい。そうすると、水ってこんなにも存在感がなかったのかと驚かれることでしょう。

これは、ミネラル・ウォーター好きには当然のことです。というのも、ミネラル・ウォーターの味の違いというのは、主にカルシウムとマグネシウムの含有量によって決まるのですから。そして、これらのミネラル分が多いものを硬水、そして少ないものを軟水と呼ぶのですが、その違いは水の湧き出る大地に由来します。つまり私たちは、そこで「大地の味」を楽しんでいるのです。そして自分にとって心地の良い水の硬度は、肝臓が決めてくれます。ですから私たちの肝臓は、自分の生まれ育った土地の水と、同程度の硬度のミネラル・ウォーターを選んでくれているのです。つまりコンビニで「つい手に取ってしまう」水が、最も自分の体の欲している水だということです。

例えば、この様な話も一見「水」の話をしている様で、実際のところ「水に溶けたミネラル」の話をしています。そしてミネラル・ウォーターの味が「大地の味」ならば、あの海の水の味は、どう説明すれば良いのでしょうか。つまり海の水のほうが、陸地の水よりも多くの「土」が含まれているということなのです。自然における水の考察というのは常に、こういう逆転現象ばかりです。陸地の水が水っぽくて、海の水は土っぽいのです。

そして、海には海流があり、赤道付近の暖かさを高緯度地域にも運んでくれます。その代表的なものは北大西洋海流で、この暖流のお蔭で、ヨーロッパ地域は、北海道よりも北にあるのに比較的、気候が温暖なのです。また、これとは反対に、局部地域から「冷たさ」を運んで来る寒流があり、この流れは暖かい地域を冷ましているということが出来るでしょう。つまり水が熱を運んで、熱を分散させて平均化しているのです。

ところが、現実を見ると水は、その反対のことも行っています。北極や南極が白いのは、水が凍っていることによります。そして皆さんもご存知のように、白い色は光を反射します。つまり水は白い氷になることで、極地が太陽光によって温まらない様にしているのです。そして、これとは反対に赤道付近には深い海があり、それが太陽からの熱を充分に吸収します。ということは、水は寒いところがより寒く、そして温かいところはより暖かくなるように、つまり地球の温度を二極化させようとしているのです。

そして更に詳しく見てくならば、水の振る舞いはもっと複雑だということが分かります。というのも、極地で凍った氷は、流氷として低緯度地域に流れてくるからです。これは実に不思議なことです。何故なら、氷が水に浮いているからです。これは物質の法則から見た時に、奇妙な現象です。というのも、一般的に固体というのは、液体よりも密度が高い、つまり固体というのは、液体に沈むものだからです。ですから、溶けたロウの中に固体のロウソクを入れると、当然のことながら沈むのです。ところが、水の場合は固体に変化することで、逆に密度が下がるというのは、驚きではないでしょうか。

おそらく皆さんは、水の密度が最も高いのは4℃の時だということをご存知だと思います。そうだとするならば、マリアナ海溝の水温は必ず4℃だということになるのでしょうけれども、実際に測ってみると2℃なのだそうです。どうして、こうなっているのか僕にはよくわかりませんが、何れにせよ本質的なことは、氷が水に浮くことで、海の氷は溶けることが出来るということです。

融ければロウに沈むロウソクの様に、氷が水の底に沈んでしまうならば、いつしか海は巨大な氷の塊になってしまうことでしょう。実際アルプスの氷河は、ずっと何百年も何千年も固体のままなのです。つまり陸の氷河は土的で、海の流氷は水的だということになります。また逆転現象ですね。

そして仮に海の水が、ひとつの巨大な氷の塊になってしまうならば当然、海が生命を育むということも出来なくなってしまいます。水は液体であってこそ初めて、生命の担い手になることが出来るのですから。そう考えるならば、氷が水に浮くというのは、全く特別なことなのです。

このように、地球規模での水の「振る舞い」に注目するならば、水の本質を単なる媒質、単なる固体や気体や熱の仲介者と呼ぶことは出来ません。それは単に、他の物質に「舞台を提供している」というだけでは不充分なのです。それは能動的な仲介者であり、いわば平均化と二極化の両方をやっているのです。多くの人は水が「バランスを取っている」とか、あるいは「平衡を保っている」とかいう話を聞くと単純に納得します。しかし、それは水のひとつの側面に過ぎないのです。

そして、その様な「静かな水」のイメージは、鏡の様に静かな湖面に例えることが出来ます。皆さんは一度ホースに水を入れて、水平を測られたことがあるでしょうか。先ずは、ホースをUの字に曲げて、そこに水を注ぎます。そうすると、ホースの一方の端にある水の水面と、もう一方の水面の高さが全く一緒になるのです。これはホースの端が近いと「当たり前のこと」だとしか感じません。しかし長いホースを買って来て、同じことが10m離れていても起きるという現実に直面すると、少し奇妙な感覚に襲われます。それはホースによって、鏡の様な湖面を切り取ってきたかの様な体験です。そして、これと同じことは、同じ土地で幾つかの井戸を掘ってみても体験されます。何故なら井戸の穴は違っても、水面の高さ（深さ）は同じだからです。

　これは、とても複雑なことなので詳しく説明しませんが、化学について学んでいると、何度も繰り返して、この静かな湖面の前に立たされます。それを「化学平衡」というのですが、詰まるところ、物質というのは何故だか「安定した状態」を求めて動いているのです。そしてある安定した状態から、別の安定した状態へと移行することを、私たちは「化学反応」と呼んでいるのです。

　例えば皆さん、スーパーで買った卵のパックに水を注いだところを想像してみて下さい。卵のパックというのは一見、複雑な形状をしていますが、結局のところ水が溜まるのは「窪んだところ」なのです。そして化学反応というのは、高いところにある窪みから、低いところにある卵を入れる窪みへと水が流れることなのです。そして昨今、注目されている量子コンピューター(13)も、原理的にはこの理屈で動いているのです。

水銀の雫

そして、こういった「静かな水」の対極に位置するのが、川の様に動いている「流れる水」です。実は、この点に関しても、多くの人が誤解しています。例えば、地図上では、川の場所が示されていますが、これは川ではなくて川床の場所なのです。つまり川の本質とは、流れている水であって、その器としての川床ではないのです。そして、この様に流れている水こそが、生命を育む水なのです。また水の流れというのは、決して直線的ではありません。必ず蛇行して、そして渦巻きながら流れるのです。

そこから更に視野を拡大するならば、川の流れという水の運動が、雨に由来するということが明らかになります。そして雨は、もとを正せば、太陽の光に熱せられて蒸発した海の水だったのです。大気中も水蒸気は、いつしか雲を形成し、雨となって地表に降りて、一旦土の中に潜り、そして山麓から湧き水として出てきて、川を流れて再び海へと帰っていくのです。そう考えるならば、地球には巨大な水の循環があり、その中で目に見える地上部分のみが、私たちが「川」と呼んでいるものの正体だということが明らかになります。

そして、深く考えるまでもなく、静かな水も流れる水も、どちらも全く同じ水です。つまり水は対極性を内包しているのです。だからこそ、水は平均化と二極化を行いますし、また典型的な水の形も二種類あるのです。そもそも「水に形がない」ということは既に述べました。だからこそ「水は方円の器に随《したが》う」のです。しかし、どんな器に入れても必ず同じ形があり、それが先程の湖面の時にお話した平らな水面なのです。そして、この対極にあるのが雫という水の形になります。平面の水は、無限に外へと広がっていく様な印象を受けますが、水滴としての球体の水は完結して、全てを内包している様に見えます。そして、平面の水が静かで動きがないのとは対照的に、サツマイモの葉の上の水滴は、真珠の様にコロコロと転がるのです。

そして究極的には、平面の水と球体の水は同じものです。実際、港に行くと私たちは海という「平面の水」を見ることが出来ます。ところが小学生でも、地球は球体だということを知っています。そう考えるならば、なんと全体としての海は球体なのです。つまり水というのは全体としては球体なのですが、その一部分を切り取ると平面になるのです。そしてシュタイナーは、宇宙的な観点から見た時の地球を「水銀の雫」と呼びました。

おそらく皆さんは、水銀が美しい水滴を作ることをご存知だと思います。そして、もしご存じないならば是非、アレクサンダー・カルダーの『水銀の泉』Fuente de Mercurio[14]を見て下さい。それはバルセロナのミロ美術館にあるのですが、流れる水銀は「水の水滴としての側面」を素晴らしく表現しています。

おそらくシュタイナーは、こう言いたいのだと思います。水という物質は、地球規模の大きさになった時に、それを全体として水銀と呼ぶことが出来る。これに対して金属の水銀というのは、その様に水が地球規模で行っている「水滴を形成する」という振る舞いを、小さな規模で実現する。つまり巨大な水滴としての地球を水銀と呼ぶことが出来る様に、水銀の雫は極小の地球なのです。

この講演の中でシュタイナーは、水にはホメオパシー的に微量な水銀が含まれていると述べていますが、このことについては今日は立ち入りません。本質的な問題は、これまで水の特性として話していたことは、全て水銀という象徴で表現することが出来るということです。先ず地球規模の水の動きというのは、温かさを運ぶ暖流と冷たさを運ぶ寒流でした。これを「横の循環」だとするならば、海上の水蒸気が雲になって山に降り、川となって再び帰るというのが「縦の循環」でしょう。そしてゴツゴツとした石も、川を流されているうちに、水銀の雫の様な丸いフォルムになるのです。

そう考えるならば、渦を巻く台風や、轟音を響かせる雷などは全て、この「縦の循環」に含まれることになります。大気中に含まれる水蒸気もまた、循環しているということです。そして海水そのものもまた「縦に」循環していることを、熱塩循環[15]は示しています。これはひょっとしたら「深層海流」と言ったほうがピンと来る方もいるかも知れません。そして水は空気だけではなく、大地の中にも浸透していきます。プレートテクトニクス[16]は、水が原因ではありませんが、それは「動いて循環する地球」を表しているものだと言えるでしょう。

この様な「水の動き」の全体を、水銀プロセスだと理解して下さい。それは硫黄プロセスと塩プロセスの間で、常に動きながら、そして流れながらバランスを保っているのです。あるいは、水が全ての物質を自らの内に溶かし込み、また水蒸気となって他のすべての物質の中へと入り込んでいく様に、水銀プロセスというのは、全てを内包しつつ、また全てに浸透しています。ですから、それは単純に「塩と硫黄の間にある」という単純なものではないのです。

植物の成長は、根を形成する塩プロセスに始まって、実と種を形成する硫黄プロセスに終わります。そして、その中間には両者をつなぐ水銀プロセスがあります。そこでの水銀プロセスが、どの様なものであるかは、葉のメタモルフォーゼが教えてくれます。根っこに近い葉は、湿った土に近いので、水滴の様な丸い形をしていますが、花の萼に近い葉は、炎の様な尖った形状をしています。そして葉のメタモルフォーゼというのは、単純に丸い葉から尖った葉へと変化するのではありません。先ずは葉が大きくなりながら複雑化していきます。そして次に単純化しながら、葉の大きさは小さくなっていくのです。この様に葉のメタモルフォーゼは、小さな丸い葉から小さな尖った葉へと変化する過程で大きく「蛇行する」のです。そして最も大きく蛇行した葉が、最も「典型的な」葉なのです。

そして農業をされている方は、窒素・リン酸・カリという土壌成分が、植物の成長に与える影響を知っています。それは「バカネ」と憶えるのですが、つまり窒素は葉（バ）の成長に、リン酸は果実（カ）の成長に、そしてカリは根（ネ）の成長に関係しているということです。もうお気付きだとは思いますが、カリ（ウム）は塩プロセスと関係しており、そこには石灰（カルシウム）も含まれます。そしてリン酸というのは硫黄プロセスのことで、燐と硫黄はおよそ同じだという話は前回既にしました。

そして窒素が水銀プロセスであり、何と言っても施肥の中心には窒素があるのです。このことは、

第一回の時点で既に軽く触れてあります。言うまでもなく、バイオダイナミック農業において窒素・リン酸・カリという無機物を土壌に与えることはしません。その代わり、それを有機的に与えるのだということも出来ますし、別の表現を用いるならば窒素・リン酸・カリという物質を与えることはないけれども、水銀・硫黄・塩というプロセスを与えることは、あるということなのです。

心臓の秘密

そして、水銀プロセスの締め括りは心臓論になります。何故なら心臓の働きというのは、水銀そのものだからです。

これはシュタイナーの第一医学講座[17]の第八講で述べられているものなのですが、その話を彼は「エーテルの二重の親類性」から始めます。これはつまり「エーテル体[18]は、肉体とアストラル体[19]に挟まれている」ということなのですが、それはつまり、エーテル体の仲介者としての働き、即ち水銀プロセスについて述べているのは明らかです。実際、彼はエーテル体から肉体へと降りていくことを「塩化」と呼び、反対にエーテル体からアストラル体へと昇っていくことを「アロマ化」と呼んでおり、これらは明確に塩プロセスと硫黄プロセスを示唆しているのです（図2）。

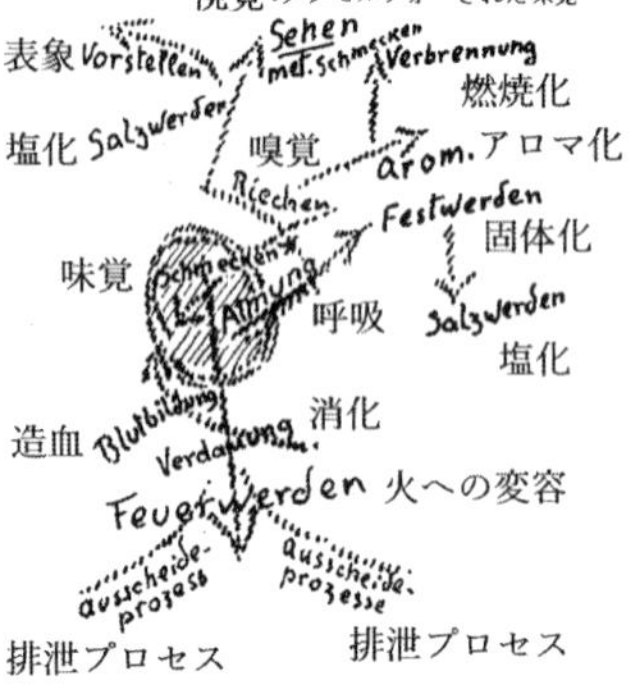

図２．生理的プロセスの相互関係

ここで注目すべきは、シュタイナーが、この「塩化」を味覚と、そして「アロマ化」を嗅覚と結びつけて論じている点です。というのもシュタイナーは農業講座において農家の人は嗅覚を鍛えて、匂いを通して霊的なものを感じるべきだと述べているからです。そして、ここでは、味覚と塩プロセス、また嗅覚と硫黄プロセスという関係性が明らかになっているのです。

さらにシュタイナーは、消化という生理的なプロセスを「味覚体験の延長」として理解しています。これは栄養学において、極めて本質的な問題です。つまり栄養というものを、味覚と切り離して考えるべきではないということです。現代の栄養学は、ホカホカの炊きたてご飯も、カッチカチの冷や飯もカロリーは同じだと言います。そして現代の生理学者は、このカロリーという全く意味不明な概念を使って、人間にとっての栄養というものが説明されると本気で信じているのです。

例えば皆さん、何処かの国から高名なお坊さん――それはダライ・ラマ十四世でも誰でも構いません――がやってきて来て、とても素晴らしい講話をしてくれたとします。それを聞いたAさんは大変感動して、翌日からの行動がガラリと変わったのですが、Bさんの方は何も心に響かず、翌日からも何の変化もありませんでした。何故ならBさんは、講話の間中、ずっと眠っていたからです。ところがAさんとBさんは隣通しの席に座っていたので、与えられた空気の振動（音）は全く同じだったのです。

現代の栄養学というのは、こういう本質的な問題を全く見落としています。仮に、全く同じカロリーの物質が与えられても、そこで「何を体験するか」は、人によって異なるのです。これに対してシュタイナーは、消化というものを「体で味わう」ものだと理解しました。これはちょうど、味覚が食べ物を「口で味わう」ことと同じです。この様にして、内側に入り込んだ味覚は消化に変容し、そして最後に尿と便という形で排泄されます。

これが「下向きの」味覚の変容だとするならば「上向きの」味覚の変容は視覚になります。そして視覚が変化すると思考になり――排泄が二種類あったのと同様に――分析的思考と統合的思考という二種類に枝分かれします。ここでシュタイナーは初めて、この統合的思考と嗅覚との関係性について言及するのです。そうすると尿と便という二種類の排泄のどちらかが、嗅覚と関係していると述べられるだろうと予想されるのですが、そのことに関しては、何故だか全く述べられていないのです。これは単にシュタイナーが言い忘れてしまっただけなのだろうと、僕は理解しているのですが、まあ普通に考えて嗅覚と関係しているのは便の方でしょうね。

少し複雑に思えるかも知れませんが、図にしてみると意外と簡単です。エーテル体からアストラル体という硫黄プロセスに嗅覚があり、エーテル体から肉体へという塩プロセスに味覚があります。味覚は下へ降りると消化になり、それが尿と便という二種類の排泄になります。そして上へ向かう味覚は視覚になり、更に分析的思考と統合的思考の二種類に枝分かれします。そして統合的思考と嗅覚が関係している様に、おそらく便の排泄と嗅覚とが互いに関係しているのです。

そしてシュタイナーは、この図式（図2）の中で呼吸器系と心臓の話をします。即ち心臓というのは、全てをまとめたものだということです。そこで彼は黒板に「分析」と「統合」と書かれた別の図

（図３）を描きます。つまり周囲には「分析」としての世界があり、そして中心には「統合」としての心臓があるのです。つまり、ここでシュタイナーは塩としての心臓を描いているということなのです。

この問題を理解するためには、二つの点に注意して下さい。まず、この講演でシュタイナーは「神経感覚系」や「四肢代謝系」という言葉を一切使っていません。つまり、ここでは思考・感情・意志という魂の三構成を映し出す生理的機能については、全く問題になっていないのです。そうではなく「味覚」というものが、上向きと下向きに二つに枝分かれし、またそれぞれが上と下とで再び二つに枝分かれすることを、彼は「分析」と呼んでいるのです。この「枝分かれ」を「分析」と呼ぶのは日本語だけではなく、ドイツ語においても奇妙な表現です。しかし、ギリシャ語の語源にまで遡るならば、それは決して不適切な表現ではないということが明らかになるのです。

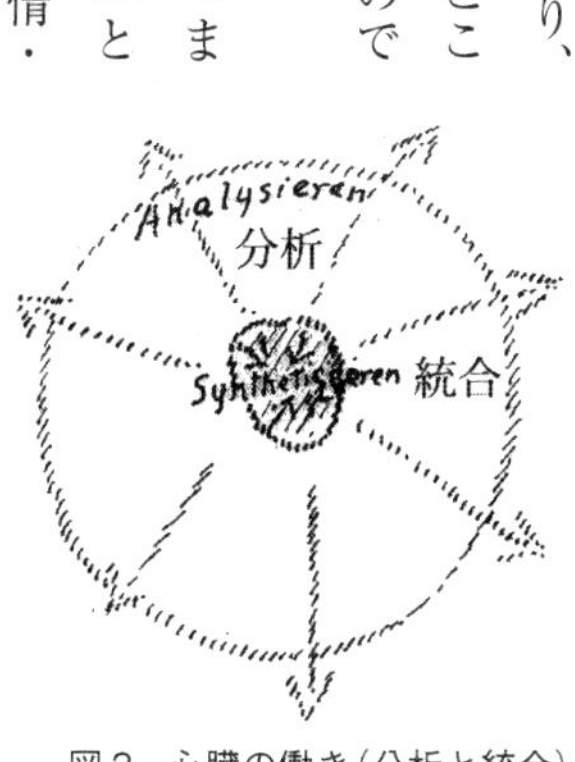

図３．心臓の働き（分析と統合）

そして心臓は、この「枝分かれした」味覚を「統合する」存在なのです。そして、ここで使われている分析と統合は、治療教育講座[20]の第一講で用いられている分析と統合とは、明確に異なります。何故ならば、そこで統合しているのは心臓ではなく脳であり、また心臓の話は一切登場しないからです。そして、この場合の脳を「塩」と呼ぶことに、抵抗を感じる方はいらっしゃらないでしょう。

そして第二は、最初に述べたことと部分的に重複しています。ここでシュタイナーは、味覚から「上

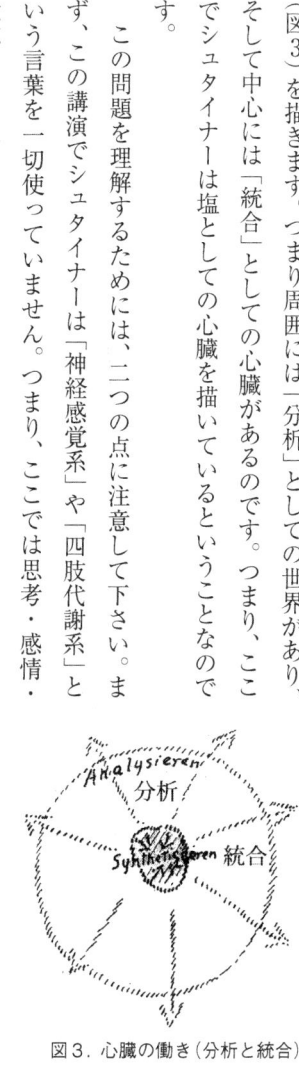

へ向かう」領域に塩プロセスと硫黄プロセスの両方があるのと同様に、味覚から「下へ向かう」領域にもまた、塩プロセスと硫黄プロセスの両方があると述べています。つまり「神経感覚系」が塩プロセスで、その対極の「四肢代謝系」が硫黄プロセスだということではなく、それぞれのシステムは、両方のプロセスを内包しているのです。言うまでもなく、人間を「逆さまの植物」だと捉える時に神経を塩、そして代謝は硫黄だと理解することは全く正しいのですが。

そして上部の人間と下部の人間をつなぐ内部知覚器官であり、また体の循環を「滞留」させている器官であるという意味において、心臓の本質は水銀だということは疑う余地がありません。しかし、ここで見た様に、心臓を塩として理解することも出来るのです。これは、もしかするとシュタイナーが筋肉を「結晶化されたカルマと呼んだことと関係しているかも知れません。というのも心臓は、随意筋である横紋筋で出来ているのですから。そして何処かにシュタイナーが、硫黄としての心臓について話していることもあるかも知れません。あるいは、それは肺なのかも知れませんが。

福島の心臓

以上のお話は、複雑すぎるので忘れていただいて結構です。何よりも、この話は僕の中で充分に成熟してはいません。言ってみるならば、これは未だ「熟成途中のワイン」なのです。そこで僕は、敢えて「シュタイナーの言葉を借りる」という手法で表現してみました。それによって皆さんに、僕の「考えた道筋」を辿っていただきたかったのです。

マグノリアの畑は「福島の心臓」だと耳にしたことで僕は、この未完成のワインを蔵から引っ張り出して来て、皆さんにお出しせざるを得ませんでした。何故なら心臓が、水銀であることは明らかだからです。ところが学問というのは、そういう「明らかなこと」に、もっともらしい理屈をつけるのにとても苦労するのです。そして現時点では、それが未だ不充分だからこそ「未発酵」と言わざるを得ないのです。

とは言え本質的なことは、マグノリアの畑が「福島の心臓」であろうとしているということは、それは「福島の水銀」であろうとしているということなのです。そして、この場合の水銀というのは「地下深くに染み込んでいった水」です。先程、海や大気の領域で循環し、対流する水に関しては述べましたが、地表の下へと潜っていく水については、ほとんど言及しませんでした。しかし海洋プレートの運動によって大量の水が、地球の内部に運び込まれているのです。

そして、この「地下の水」が岩石の形成に大きな意味をもっているということが、最近の地質学の研究によって分かって来ました。というのも、岩石は水が加わると融点が下がるという性質をもっているからです。簡単に言うと「石」は「水」があることで融けやすくなるのです。そして水晶の様な美しい結晶は、この融けた状態からゆっくりと冷えていくことによって出来ます。

これは確かに、塩プロセスなのですが、そこに「水」の存在を忘れてはなりません。結晶の「形」は、その物質に由来します。ですから水晶の、あの美しいフォルムは二酸化ケイ素の「塩」だと言うことが出来ます。ところが、二酸化ケイ素が、その形をとるためには、水が必要だったのです。つまり、結晶という「形」は塩プロセスに由来しますが、その「形が出来たこと」は、水銀プロセスによるのです。

水は、塩が塩らしくあることを可能にします。何故ならば塩は、独力で塩の形を作ることが出来ないからです。そして、それと同じことは人間においても言えます。つまり、自分が自分らしくあるためには誰かが必要なこともあるということです。あるいは一人でいる時よりも、むしろ特定の誰かと居る時の自分のほうが「自分らしい」と感じる方もいるかも知れません。そして、これが理想的な人との接し方なのです。

誰かに接する時に、相手を「自分色に染める」のではなく、その人が、よりその人らしく居られる様に接するのです。そして、その場合は、自分の方が相手色に染まってしまうかも知れません。そして、それによって相手に支配されるのではなく、むしろ相手が変化するのです。つまり受動的である時には、自分という存在が消えてしまうくらい相手の存在を受け入れます。そして反対に、能動的になる時には、自分が相手の中に入って行くことによって、その人が、よりその人らしく居られるのです。

これは全く、つかみどころのない話です。灰は燃焼の結果として得られたものなのですから、それは硫黄プロセスを代表するものです。ところが灰を水に溶かすとアルカリ性、即ち塩基性を示すのです。あるいは食塩水が中性を示すという意味では、ここでは塩が水銀的なのです。何故なら水銀プロセスというのは、全くつかみどころのないものだからです。既に述べました様に、硫黄について話す時には硫黄的に、そして塩について話す時には塩的に話さざるを得ませんでした。それと同様に、水銀について話す時には、水銀的に話さざるを得ないのです。そうすると、今回の講座の様に、つかみどころのないものになってしまうのです。

硫黄というのは、プロセス的であるのに対して、塩というのは物質的です。そして水銀というのは、プロセス的であり、物質的でもあるのです。あるいは、硫黄というのは現象的であり、塩というのは理論的です。そして水銀はやはり、その両者なのです。そして第一回の時、既に「それそのものが理論である様な現象を探している」と述べました。そして、その姿勢こそが正に水銀なのです。

つまり、この3原理の講座は、最初からずっと水銀について話していたのです。水銀的であるということは、物質とプロセスという二元論、あるいは理論と現象という二元論を克服しようとすることなのです。そういった意味で現象学というのは、水銀的な自然科学だということになります。そして二元論が克服されたということは、それは一元論と表現するしかないのです。そしてシュタイナーが『自由の哲学』[21]において、自らの立場をそう表現しているのは、周知の事実でしょう。

あるいは、水銀プロセスというのは、硫黄プロセスの下部と、塩プロセスの上部だと表現することも出来るでしょう。つまり、固体の温度が上がって融解することや、あるいは水に溶けていくことが水銀プロセスであるならば、同様に気体が冷えて液体へと凝結することもまた、水銀と呼ぶべきなのです。アントロポゾフィー医療[22]において、朝露が大きな意味をもっているのは、こういった理由からです。朝露というのは、凝縮した大気中の水蒸気であり、また水銀のような球体を形成して、鏡のように全世界を映し出します。水銀というのは、物質とプロセスを仲介し、自然を美しいシンメトリーにします。そして水は「化学変化の担い手」であると同時に、有機的な領域では「生命の担い手」と表現するのが適切です。何故ならば、生命そのものが水銀的だからです。

つまりマグノリアの畑が福島の心臓ならば、それは福島の水銀であり、生命だということになります。その生命は、全てを受け入れて内包し、そして全てに浸透して自らを放棄します。それは相手を自分色に染めることは絶対にせずに、ひたすら相手が相手色に染まることだけを手伝うのです。つまり、そこにどれだけ「個性的な」人間が集まって来ようとも、医療はより医療らしく、また農業はより農業らしくなるしかないのです。

そして、こんなに素晴らしいことを、私たちは「理想」と呼ばずに、何と呼べばよいのでしょうか。

⒀スーパーコンピューターを大幅に上回る処理速度を持つ、次世代のコンピューター。量子力学という、従来のコンピューターとは全く違う原理を採用することで、圧倒的な情報処理能力を持つ。

⒁アメリカ合衆国の彫刻家・現代美術家。動く彫刻「モビール」の発明と制作で知られている。1937年のパリ万博では、スペイン人民戦線内閣に依頼され、フランコ軍に抵抗する意思を込めてスタビル『水銀の泉』を制作し、スペイン館でピカソの『ゲルニカ』などとともに展示された。

⒂（thermohaline circulation ／ねつえんじゅんかん）主に中深層（数百メートル以深）で起こる地球規模の海洋循環を指す。語源の thermo は熱、haline は塩分の意味で海水の密度はこの熱と塩分により決定される。

⒃（plate tectonics）は、プレート理論ともいい、１９６０年代後半以降に発展した地球科学の学説。地球の表面が、何枚かの固い岩盤（「プレート」と呼ぶ）で構成されており、このプレートが、海溝に沈み込む事による重みが移動する主な力になり、対流するマントルに乗って互いに動いていると説明される。

⒄ＧＡ３１２『精神科学と医学』（ルドルフ・シュタイナー／本田常雄訳）〈電子書籍版〉

⒅生命体・形成力体とも言う。物質器官を構築する力体のこと。

⒆人間の思いの担い手である心のこと。

⒇ＧＡ３１７第1講「治療教育の基本的観点」（ルドルフ・シュタイナー／高橋巌訳）〈ちくま学芸文庫〉この講義でシュタイナーは、「分析」を代謝―四肢系（腹部）に、「統合」を神経・感覚系（頭部）に対応させている。

(21)ＧＡ４第15章「一元論の帰結」（ルドルフ・シュタイナー／高橋巌訳）〈ちくま学芸文庫〉（ルドルフ・シュタイナー／森章吾訳）〈イザラ書房〉

(22)アントロポゾフィーとは、ギリシャ語のアントロポス（人間）とソフィア（智恵）に由来するもので、日本語では「人智学」と訳される。アントロポゾフィー医療は、ルドルフ・シュタイナーによるアントロポゾフィー（人智学）を基盤として、イタ・ヴェークマン医師（１８７６～１９４３）の協力の下に創始された。精神の内なる発展と魂の変容、そして健康と病気に関する認識と理解を深めることで、今日の医学研究を真にホリスティックな取り組みへと導くもの。

講師プロフィール

竹下　哲生（たけした　てつお）

1981年香川県生まれ。2000年渡独。2002年キリスト者共同体神学校入学。2004年体調不良により学業を中断し帰国。現在自宅で療養しながら四国でアントロポゾフィー活動に参加。訳書『キリスト存在と自我〜ルドルフ・シュタイナーのカルマ論〜』（SAKS-BOOKS）、『アトピー性皮膚炎の理解とアントロポゾフィー医療入門』（SAKS-BOOKS）

キャンパスを支え応援してくださっている方々

（敬称略・順不同）

㈱コロナ　内田力／アポカリプスの会　遠藤真理
山本記念病院　山本百合子／日能研　高木幹夫／横浜CATS　冠木友紀子
ホリスティック・スペースぐらっぽろ　船津仁美／自然療法サロン　クプクプ　樋渡志のぶ
日本ホリスティック医学協会　関東支部・スピエネット有志　降矢英成
同仙台支部有志　萱場裕／㈱カウデザイン寺岡丈織・里沙
郡山中央倫理法人会　三瓶利正／神之木クリニックファンクラブ　工藤咲良
Niederlausitz 病院有志　マルチン・ギュンター・シュテルナー
東日本大震災追悼の会スイス・ドルナッハ　さら・カザコフ

あとがき

ＮＰＯ法人マグノリアの灯は、福島県鏡石町において「空をきれいにする畑」というコンセプトで、マグノリア農園を２０１８年4月29日にオープンいたしました。橋本文男氏による竹パウダーを用いた農法に加え、バイオダイナミック農法を取り入れています。バイオダイナミック農法の特徴であるプレパラートは、放射線量軽減に驚くほどの効果をみせました（詳細は、マグノリアの灯季刊誌21号等参照）。

農園オープンに歩調を合わせ、マグノリア・アグリ・キャンパスを開講し、バイオダイナミック農法の真髄を理解するための座学が始まりました。大都会東京からは遠く、講師の方々および参加者の方々には交通の不便さや、時間的負担を強いる場所でしたが、２０１１年の東日本大震災の原発事故により、自然や人々が多くの痛みを負ったここ福島で講座を行うことは必然のように思われたからです。

この度、ルドルフ・シュタイナーの精神科学に精通していらっしゃる竹下哲生氏による講座の講義録を作成する運びになりました。この講義録は、3原理の現象学の考察から自然や人間、そして社会においても、よりよい関係性を築くことができる叡智にあふれています。この講義録を皆さまにお届けすることができることを大変に嬉しく思うと同時に、マグノリア・アグリ・キャンパスを応援してくださっている畑のオーナー様及び、マグノリアの灯の会員の皆様にお礼を申し上げます。

この応援がなかったならキャンパスの開講はできなかったでしょう。そして、この本を製作するには至らなかったのです。

そして、鏡石町に遥々と四国からおいで下さり、素晴らしい講座をして下さった竹下哲生氏に心より感謝を申し上げます。また、講座に集った人々に多くの温かさを示して下さったことにも重ねてお礼申し上げます。

引き続き、理学博士の丹羽敏雄先生他、多彩な講師陣による講義録を作成していく予定です。実践家としての立場や、理論的、教育的立場、それぞれの視点からの醍醐味あふれる講義録を皆様にお届けできればと考えています。共に学びを深めていければ幸いです。

マグノリアの灯理事
吉田　秀美

マグノリア文庫❻－1
マグノリア・アグリ・キャンパス 2018／2019　福島鏡石

硫黄・塩・水銀プロセス

～農業・錬金術の3原理を学ぶ～

2019年（平成31年）3月 1 日 初版第 1 刷発行
2019年（令和元年）9月17日 第 2 刷発行
2020年（令和 2 年）1月31日 第 3 刷発行
2024年（令和 6 年）1月10日 第 4 刷発行
講　師：竹下 哲生
発行人：山本 忍・橋本 文男（キャンパス学長）
発行所：マグノリア書房
NPO法人 マグノリアの灯 事務所
〒 969-0401 福島県岩瀬郡鏡石町境 445
TEL&FAX：0248－94－7353
magnolianohi1309@yahoo.co.jp
発売所：株式会社 ビイング・ネット・プレス
〒 252-0303 神奈川県相模原市南区
相模大野 8－2－12－202
TEL：042－702－9213
デザイン：森 厚彦
協　力：尾竹 架津男／吉田 秀美／橋本 京子
／樋渡 志のぶ／岩谷 正美／栢本 直行
表紙図：ノボロギクと三原理（上から硫黄・水銀・塩）
裏表紙写真：ナスに挟まされた2種類のキュウリ
左：福島岩瀬郡特産「岩瀬キュウリ」
右：会津伝統野菜「余蒔（よまき）キュウリ」
定　価：本体 900円＋税

9784908055195
1920040009001
ISBN978-4-908055-19-5
C0040 ¥900E
発行：マグノリア書房
発売：ビイング・ネット・プレス
定価：本体900円+税

Magnolia Agriculture Campus